ダムは本当に不要なのか

国家百年の計から
みた真実

富士常葉大学 名誉教授　竹林征三

ナノオプトニクス・エナジー出版局

まえがき――ダム建設の賛否を改めて世に問う――

「ダムは無駄だ！」「ダムは環境破壊だ！」等々、ダム建設への反対論は、この10年の間というもの喧しく続いている。

ダム建設への反対は、何も今に始まったわけではない。戦前から計画が進められていた東京都の小河内《おごうち》ダムは、石川達三の小説『日蔭の村』の舞台である。この小説には、小河内村が突然のダム計画に翻弄され、貯水池として水没するまでの経緯が描かれている。また、筑後川の松原・下筌《しもうけ》ダムでは、室原知幸氏（住民運動家）による蜂の巣城紛争という壮絶な反対運動があった。これらの反対運動は、ダムによる犠牲者としての村落や住民の生活防衛という側面が中心であった。

その後の長良川河口堰の反対運動からは、「ダムは環境破壊だ」という側面が強く打ち出されてきた。地元関係住民よりは、環境保護活動家による運動が中心となり、さらに田中康夫氏（元長野県知事）の「脱ダム宣言」や、アメリカの内務省開拓局長官だったウィリアム・ビアーズの「アメリカにおいて、ダム建設の時代は終わった」などの発言に代表されるようなダム無用論が出てきた。このようにダム建設への反対論議は、ダムの環境問題やダムの計画論にまで踏み込んだ反対運動へと大きく変貌してきた。

２００９年9月の民主党への政権交代により、状況は一変した。国は治水・利水の要として八ッ場ダムを強力に推進してきたが、その責任者である国土交通大臣自らがマニフェストを根拠に八ッ場ダムなどの中止とダムによらない治水を推進するという立場を打ち出したのである。

これに対し、八ッ場ダムの共同事業者である1都5県の知事は、1年経過した今日でも建設推進を強く主張し、国と関係都県との乖離が埋まる気配は一向に見えてこない。

八ッ場ダムを巡って、国と関係都県が平行線のままである理由の一つに、中止宣言に至った論拠が、いまだ示されていないことが挙げられる。国は中止宣言に至った理由を説明する代わりに、「ダムによらない治水」に関する有識者会議を立ち上げ、代替案を検討し、提示するとした。

有識者会議の中間取りまとめ（案）が今年7月に出されたが、その内容はダム以外の治水対策の検討メニューの羅列にすぎず、具体的な代替案や八ッ場ダム問題の進展はいっさい見られない状況である。このような現状を踏まえて、改めてダム無用論の論点を一つひとつ検証してみることが求められている。

ダム反対論の主な論点を整理すると、以下のとおりである。

① ダム治水計画の想定規模は過大ではないのか、そんな大きな洪水は対象にしなくてもよいのではないか。

② ダムによる洪水調節をしたところで、治水の基準点で数十cm程度しか洪水位は低下させら

れない。一方、堤防の余裕高が2m以上もあるではないか。堤防の余裕高が2mあれば、どれだけ大きな洪水にも対処できるのではないか。

③ダムは環境破壊である。ダムは河川を分断し、生態系を破壊している。海岸の砂浜がやせ細ったのは、ダムが土砂を貯めるからだ。ダムは土砂で埋まり、本来の機能を有していない。

④ダムによる水資源開発は今後必要ない。水需要は伸びておらず、どちらかといえば減少気味である。現在、水不足で困っているという声は聞こえてこない。水はもうすでに余っているのだ。

⑤ダムによらない治水として、「緑のダム」を推進すべきだ。

⑥堤防を強化し、切れない堤防をつくり、遊水池などの建設を進めればよい。

一方、ダム必要論としては、日本の河川の現状を見れば、毎年全国の多くの河川で破堤や内水などの洪水被害が発生し、それは減少の傾向にはない。

かつての遊水池的機能を果していた低湿地にまで人家などが建ち、市街化が進み、洪水から何らかの方法で防御しなければならない地域になってきた。また、堤防の直ぐ近くまで市街化が進んだため、引堤（川幅の拡大や堤防法線の修正などのために既設堤防を堤内側に移動させること）や嵩《かさ》上げなどによる治水は到底無理なので、より治水の安全度を高めるには、上流のダム建設が最も経済的で実現可能である。すなわち遊水池などの面の治水から、堤防などの線の治水に変わり、その先はダムなどの点の治水にならざるを得ない。これが歴史的・社会的な流れだとする意見としてのダム必要論がある。

これに対し、ダムは環境破壊で今後建設すべきでなく、遊水池や堤防による治水に戻していくのが、歴史的・社会的な流れだとする意見としてのダム不要論がある。すなわち、ダムによる点の治水から、流域の氾濫を許容する面の治水へと大きく舵を切るのが歴史的必然だとする説である。また利水面では、水が余っていると主張する人がいる一方で、水不足で汲々としている現状がある。少し干天が続けば全国各地で水不足になり、渇水調整や取水制限が行われて、工場の操業縮小や節水でようやく急場をしのいでいる状況である。

本書では、このようにまったくかみ合わないダム無用論とダム有用論とのどこに相違点があるのかを鮮明にするため、「緑のダムと森林の機能の実体」「田中康夫氏の脱ダム宣言」「ダムに代わる切れない堤防は可能か」「八ッ場ダムの治水代替案」などを取り上げるとともに、技術的検証に基づいた理論で、本当の真実はどうなのかを様々な側面から検証を加えてみたい。

国家百年の計で、治水、利水、発電、渇水、水質、環境など、国の根幹に関する様々な取組みが先人達によって行われてきたが、これらの歴史的事実に基づき果たしてダムが本当に無用なのか、それとも有用なのかを改めて検証し、ダム賛成派、反対派の両者にその必要性を問いたい。

平成22年9月

竹林　征三

目　次

第1章

国家百年の計からみたダム問題の背景

ダムはそもそも必要だから、国家百年の計として建設されてきた。「百年の計」という長い展望をもって計画されたものに対して、近視眼的な判断で「否」の判断を下してよいものなのだろうか。

間違いは正されるべきである。しかし、正す前には本当に間違っているかどうかの綿密な検証が必要であろう。ダムは必要なのか、不要なのか。まずはダムを不要とする意見の論点を整理してみたい。

ダム無用論の根拠を順次列挙してみよう。

① ダムによる治水計画は過大だという。計画降雨のとり方、すなわち水文データの確率計算などが過大だという。現状の堤防でも十分大きな洪水を流すことができるのではないかという。しかし、治水安全度は国家の行政目標である。気象異変などを踏まえて既往実績を評価しながら総合的な行政エンジニアリング・ジャッジメントで決められている。洪水被害が頻発している。気象異変をどのように考えているのであろうか。

② 治水事業の便益の算定は過大ではないかという。コストベネフィット計算の結果ではメリットがあまりないではないかという。しかし、治水経済マニュアルは、最低の想定洪水被害額しか算定していない。むしろ反対で、なぜここまで過小評価するのであろうか。

③ 水は余っており、ダムの利水計画は過大であるという。建前「水余り」、実質「水不足」。気象異変でダムの用水補給機能は大幅に減少していることを、どのように判断しているので

あろうか。今、求められているのは、建前ではない実質をどうするかという知恵である。毎年のようにやってくる渇水に対処するには、トータルでどれだけ水を備蓄しているかということである。要は利水安全度が諸外国から比較しても日本は低すぎる。今、求められているのは利水安全度の向上である。建前の水利権量というような代物ではない。

④ダムは環境破壊の代表であるなどと言われている。過去には環境保全のことを考えずに建設されたダムも確かにある。しかし、近年は建設に際して自然環境の保全には十分に対処するようになった。また、貯水池の帯状の裸地の対策として、従来の制限水位方式からオールサチャージ方式を採用する計画が多くなってきている。一方、過去に建設されたダムには、結果として生物層の豊かな環境が創造されたものも少なくない。今でこそ、ダムは環境破壊だと世の中の風潮で決めつけてしまっているが、ダム建設によってできた湖水景観は素晴らしく、国立公園や国定公園などに指定されたダム湖も少なくない。

⑤視点を変えれば、自然災害は人類にとって最大の環境破壊である。治水や渇水対策は、そもそも環境保全対策そのものではないだろうか。

⑥自然改変を最小限にし、できるだけ本来の自然復元にこだわって建造された箕面川ダムは、豊かな自然生態創生への取組みに対し、土木事業として初めて環境賞（133～136ページ参照）が与えられた。

⑦「緑のダム」は幻である。良好な森林は土砂流失扞止《かんし》の効果はあるが、あくまで治水にお

ける役割分担の一翼なのである。

⑧　越水すれども破堤しない「切れない堤防」は、幻である。スーパー堤防は理想かもしれない。しかし、これはどこにでもつくれるものではない。越水に対して「切れない堤防」とはコンクリートダム型かフィルダムの洪水《こうずい》吐《ば》きの設置である。パイピング（地盤内に水道《みずみち》ができ土粒子の流出が進行する現象）に対して切れない堤防とはフィルダム型である。堤防は、警戒水位以上は水防活動が前提で、どこから破堤するかわからない。河川は大自然の営為であり、生きている。破堤する場合は年々同じではなく、毎年頻度、危険度は確実に増加していると銘ずべし。

⑨　「面の治水」流域対応から、「線の治水」堤防対応、「点の治水」ダム対応である。この三つの対応はそれなりの世の流れであり、役割分担、適材適所である。面・線・点それぞれ利害得失がある。他の対応を排除した一つのものに過度の期待をすることは禁物。

⑩　ダムサイトは極めて貴重。一般的に最も効率のよい「点の治水」。ダムが計画できる地点は限られている。

全国で毎年平均約140カ所で破堤・越水決壊が繰り返されている。上流にダムが建設されている流域と、そうでない流域で洪水被害が歴然と違っている。また、毎年どこかで渇水騒ぎを繰り返している。渇水になれば、ダムで水備蓄容量が十分ある所とそうでない所で明確に差が出てくる。事が起こってから、慌《あわ》ててやっぱりダムをつくれといっても、そうは問屋がおろさない。

ダム建設には、計画から完成まで、20～30年という長い年月がかかる。ダムは非常時に対する備えである。イギリスの民話『三匹の子豚の物語』は、備えが大切ということを教えるときによく引き合いに出される物語である。

現在、わが国に曼延《まんえん》し始めている世の風潮、「ダムは無駄・無用論」は三匹の子豚の物語そのものではないか。このことは人間が住むところ世界中どこでも普遍の真実である。日本は先進諸国と比較して治水安全度も利水安全度も極めて低い。日本人は「水」と「安全」はタダだと思っている世界に稀有《けう》な国民だと言われてきた。情報過多の時代、健忘症か、安全ボケなのか。

土木の「つもり違い」十カ条

近年、土木業界はまったく元気がない。マスコミが悪の枢軸業界と決め付けてのキャンペーンかのように「土木は環境破壊だ」「ゼネコンは談合体質だ」「ダムは無駄」「不要な高速道路をつくる」「役人は業界に天下り、癒着《ゆちゃく》だ」等々が事あるごとに紙面を賑わす。その効果はてきめんで、この数年ですっかり土木に対する悪いイメージが社会に定着し、土木業界関係者はまったく意気消沈してしまって元気がない。「不況のときの土木」と言われていたのにどこか変だ。

千葉県夷隅郡御宿町の春日神社の宮司をされている井上信幸さんという方がつくられた「つも

り違い十カ条」いうのが1994（平成6）年3月27日の『読売新聞』朝刊に出ていた。

「一つ、高いつもりで低いのが教養。二つ、低いつもりで高いのが気位。三つ、深いつもりで浅いのが知識。四つ、浅いつもりで深いのが欲の皮。五つ、厚いつもりで薄いのが人情。六つ、薄いつもりで厚いのが面の皮。七つ、強いつもりで弱いのが根性。八つ、弱いつもりで強いのが我。九つ、多いつもりで少ないのが分別。十、少ないつもりで多いのが無駄」。

実によくできた傑作で感銘を受けている。この十カ条に鑑《かんが》みて、土木のイメージが落ちるところまで落ちたのは、何か大きなつもり違いあったことによるのでは、と反省しなければならない。

前記の十カ条にならい「土木つもり違い十カ条」をつくってみた。

「一つ、高いつもりで低かったのが土木構造物の安全度（阪神・淡路大震災の地震被害の反省）。二つ、低いつもりで高いのが土木施設の間接効果（国家百年の計でつくる土木施設の経済効果は費用対効果の分析よりはるかに大きい。適切に経済性評価ができていないことへの反省）。三つ、深いつもりで浅かったのが土木学者の見識（どこに学識があるのか疑ってみたくなるような学者もどきが現れだした）。四つ、浅いつもりで深かったのが土木業界のバブルのツケ。五つ、強いつもりで弱かったのが土木役人の使命感（永年の悲願の事業が簡単に中止される）。六つ、弱いつもりで強かったのが土木業界の生き残り戦略。七つ、多いつもりで少なかったのが土木の社会からの評価。八つ、少ないつもりで多かったのが土木への批判と反発。九つ、厚いつもりで薄かったのが土木屋の倫理観。十、薄いつもりで厚かったのが土木に対する反対論説」。

つもり違いどころか、思い違いも相当なのではなかろうか。つもり違いの次は「土木思い違い十カ条」である。

「一つ、イメージが悪いと思っていたのが極めて格式高いのが土木。二つ、切れないと思っていたのが切れることが前提としてできているのが堤防。三つ、余っていると思っていたのがまったく不足しているのが水資源。四つ、堤防を築き安全度が増したと思っていたのが確実に危険度が増しているのが天井川。五つ、役に立つと思っていたのが災害・緊急時役に立たないのが防災商品。六つ、「守れ」と言っていた自然物と思っていたのが実は人工河川・長良川。七つ、水質が良いと思っていたのが汚染が深刻なのが地下水。八つ、陸地に住んでいると思っていたのが海面下だった臨海地帯。九つ、ダムの機能があると思っていたのがまったくないのが「緑のダム」。十、住民のためと思っていたのが反対運動を受けるのが公共事業」。

まだまだ勘違いもあるのではないだろうか。その結果、多くのはず違いが生まれた。最後に、「現在の土木はず違い五カ条」。

「一つ、不況対策に最も有効なはずが評価されないのが現在の土木。二つ、環境対策に非常に役に立っているはずが評価されないのが現在の土木。三つ、社会から悲願達成で喜ばれるはずが反対に不要なものをつくったと批判されるのが現在の土木。四つ、世界一の金字塔を打ち立てた、誇らしい技術集団のはずが委縮しているのが現在の土木。五つ、将の将たる職業集団のはずが他の集団にうまく利用されているのが現在の土木」。

言われなき違いも多いが、反省しなければならない点も多い。反省の上に起死回生の処すべきことも明らかになるにちがいない。元気出せ土木。負けるな土木。

「災害」の2004（平成16）年を振り返る

その年1年の世相を表す「今年の漢字」が毎年12月、京都市の清水寺で発表される。2004（平成16）年は10個にのぼる記録的な台風が上陸したほか、新潟県中越地震などの天災が起き、また、イラク戦争などの戦争による人的災害なども反映して「災」の字が選ばれた。全国からの「今年の漢字」の公募には9万1630通の応募があり、「災」の字が実に2万9336通もあったという。

平成16年は、まさに次から次へと災害がやってきた年である。まず、日本に上陸する台風の数は年平均2・6個で、これまでの最大の上陸数は1990（平成2）年と1994（平成6）年の6個であったが、平成16年は、それらをはるかに上まわり、例年の4倍の10個となった。

平成16年の主な災害を振り返ると、まず6月21日に静岡・徳島県を襲った台風6号。7月に入ると、13~14日の新潟・福島豪雨。14~18日の足羽川が破堤した福井豪雨。7月31日に徳島・高知県などを襲った台風10号。8月になって、5日に三重県などを襲った台風11号。17日に愛媛・

香川県などを襲った台風15号。８月30～９月１日にかけては、日本列島を縦断し熊本・宮崎・鹿児島・愛媛・香川・広島・岡山・兵庫・北海道など多くの道・県を襲った台風16号。９月１日には浅間山の噴火。９月７日には各地で多くの高潮被害を出した台風18号。29日には三重・兵庫・愛媛県などを襲った台風21号。10月９日になって静岡・神奈川県・東京都などを襲った台風22号。20日には大分・香川・徳島・京都・兵庫県などを襲った台風23号。

そして10月23日の新潟県中越地震である。これは、地震そのものによる災害もさることながら、芋川の天然ダム（山体が崩壊した土砂により河川が堰き止められて自然にでき上がったダム）による土砂と水の災害が注目された。さらに追い打ちをかけるように、死者20数万人を出す歴史的なスマトラ沖地震によるインド洋大津波のニュースが年末の12月26日にとび込んできて、ようやく災害の年の幕が下りた。

スマトラ沖地震はマグニチュード９・０で、阪神・淡路地震の約３６０倍のエネルギーが放出されたことになる。また、この地震により生起したインド洋津波の最大波高は35ｍを越えたと推測されている。津波による邦人死者は34人、不明者10人という。まさに国際化時代である。国内の水災害で止まらず、海外においても多数の邦人死者を出す水災害の年となった。

話を国内に戻そう。河川について見れば、10月21日の時点で１０９の一級水系のうち、63河川で危険水位を突破したと報告されている。ちなみに２００３（平成15）年は、危険水位を突破したのは11河川である。

災害の年の最後を締める、国内の中越地震と多くの邦人死者を出した海外で生起したインド洋の大津波の被害があまりにも激烈であったので、台風23号の被害の大きさや、新潟・福島、そして福井集中豪雨等々の全国各地の災害も印象が薄れた感じがする。しかし、いずれの災害も例年なら記憶に鮮明に刻まれる大災害である。日本人の自然観には天変地異などに遭遇すると、まるで「たたり」に遭ったとか、悪霊に取り憑かれたようだという。古来の政治はこのような天変地異に遭遇すると加持祈祷《かじきとう》などの悪霊除けを行った。平成16年はまさに悪霊に取り憑かれた「たたり」に遭ったような年だった。

ダムの効果は歴然・備えあれば憂いなし

２００４（平成16）年の河川災害を振り返ると、全国の多くのダムが計画規模あるいは、それを超す規模の洪水を調節し、被害軽減に大きな役割を果たした。それらのうちいくつかの事例を紹介し、感想を述べてみたい。

新潟・福島豪雨では、水害に遭った信濃川の刈谷田川と五十嵐川の上流には、三つのダムが洪水を調節し大きく貢献した。刈谷田川においては、刈谷田川ダムで毎秒１９３㎥の洪水のピーク流量を低減し、約３２５㎥の洪水を貯留して、下流の氾濫量の軽減に寄与した。一方、五十嵐川

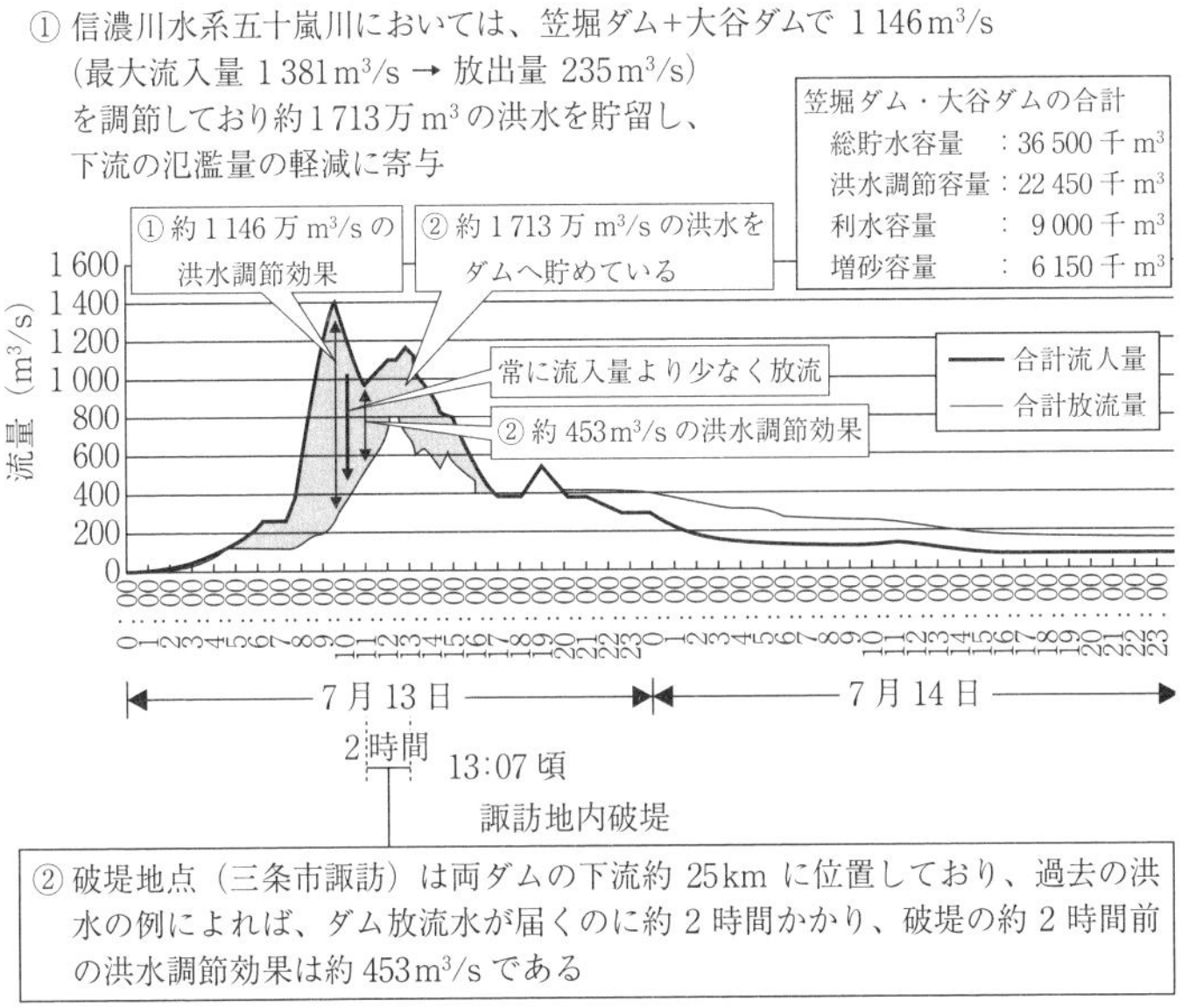

図　五十嵐川　笠堀ダム+大谷ダム

においては、笠堀ダムと大谷ダムで毎秒1146㎥の洪水のピーク流量を低減し、約1713㎥の洪水を貯留して下流の氾濫量の軽減に大きく寄与した。すなわち、ダムによる洪水のピーク流量を低減するということは、下流の堤防の破堤被害を軽減したということであり、またダムの洪水貯留量分だけ氾濫量が少なくてすんだということである。

福井豪雨においては、足羽川の破堤により福井市内は甚大な浸水被害を被った。一方、足羽川では治水を主目的とする足羽川ダム計画が20～30年ほど前からあったが、昨今のダムは無駄との世の風潮で、ダムの規模は過大だとの議論のなか、本川から支川にダムサイトを移す規模縮小案に計画が変更され、流域委員会でダムの計画を認めるかどうかという議論の最中であったという。治水というものは国家百年の計で粛々《しゅくしゅく》と実施すべきものなのに、大自然の猛威を忘れたダム無用論によって計画の実現が遅れてしまったものであり、今回の足羽川の災害は神様がお怒りになったのではないかと思えてならない。

京都府を流れる由良川中下流域の綾部市、福知山市、大江町、舞鶴市などが台風23号により洪水被害を被った。由良川大橋上流でバスが孤立し、37人の乗客がバスに取り残されてマスコミを賑わせた。刻々と水位は上がっていく。バスの屋根で救いを待つ人々にとっては気が気でない。上流の京都府管理の大野ダムでは、ダムの貯水量と今後の雨量予測を冷静に分析して、一般的な操作規則によらず、緊急操作で限界近くまで貯水し、バス乗客救助のため懸命の対処をした。ダムの水位が最高水位を超過することが予想される場合は、ダムの流入量の一部をダム貯水池に貯め込んでいく操作から、流入量をそのまま下流へ放流する操作に移行していくのが一般的である。今回は人命を最優先に考えて、下流河川が少しでも増水するのを抑制するため、放流操作をダムから越流が始まる直前まで遅らせた。なお、この操作は関係機関への綿密な連携のもとで実施されたことは言うまでもない。

2004（平成16）年は全国の多くのダムが洪水調節で大きな効果をあげ、その役割を果たした。脱ダムやダム無用論を唱える人々にダムの効果がいかに大きいかを知らしめてくれた。しかし、悲しいことにマスコミではダムの洪水調節の結果、多くの河川で破堤を免れたことをいっさい報道されないので、多くの国民は、２００４年のような災害の年を経験しても、まだ「ダムは無駄」だと信じている。

日本を襲う四つの気候異変

ダムは洪水を貯留し、渇水時に補給する。ダムや河川の治水計画を策定する際には降雨現象の確率計算などが実施される。この数年、河川の治水計画論にかかわる四つの気象異変が急激に増加してきている。

降れば「大雨」降雨のバラツキ大

東京大学の松本淳助教授（気候学）らの研究によれば１９００年以降の１００年間を対象に豪雨（１００年間のデータの中で1日の降水量の多い順に並べたときの百位の数値を基準値とし、基準値以上を記録した場合を豪雨と定義）の頻度を調べれば、１９００（明治33）年は年間０・9日だったが、１９９９（平成11）年には１・２日に増加、年ごとのバラツキはあるものの１９８０年代ころから増える傾向にあることが明らかにされた。豪雨の際の降水量も１００年間で35ミリほど増加し、一方で弱い雨の際の降水量は大幅に減少している。

その原因は地球温暖化で大気の流れが変化し、降れば「大雨」「豪雨」、降らないときはまったく降らないというように降雨のバラツキが大きくなってきている。そして、気象庁の予測では、100年後の夏は大雨で全国的に夏の降水量は20％増加するという。

年降水量の減少

気象庁資料のこの100年間の年降水量を調べると、東北・関東・四国・北九州などでは200ミリ以上減少、中部・中国・南九州などでは100～200ミリ減少、北海道などでは0～100ミリ減少と、全国的に減少してきている。

局地豪雨の激増

全国各地で局地的な短時間の集中豪雨が頻発するようになってきた。気象庁のアメダスの全国1300カ所のデータによると、1時間50ミリ以上の降水量の観測は2004（平成16）年は354回で過去最多である。50ミリの雨とは「滝のように降る」雨で各種防災の一つの目途《めど》の雨量である。また、日降水量200ミリ以上の雨も同年は351回で過去最多である。いずれの記録も1976（昭和51）年の観測が始まって以降、増加傾向がうかがわれる。

季節区切りの大異変

梅雨入り、梅雨明け宣言が明確にできなくなってきた。2004（平成16）年は、洪水期を外れた10月末から11月に記録的な豪雨被害が生じた。洪水期の設定を考え直さなくてはならない。2003～2004年の間の新聞記事の見出しをたどることにより、季節の区切りの異変が着実に生じていることがわかる。7月、「10年に一度異常な7月、平均気温11地点で過去最低、日照時間東京わずか48時間」（２００３（平成15）年８月２日）。８月、「梅雨明け、東北は特定できぬ可能性」（同年８月２日）。９月、「いまさら夏本番、中秋メラメラ、東京電力最高」（同年９月12日）。10月、「10月の降水量が観測史上最多、32地点」（２００４（平成16）年11月）。11月、「11月暑かった、86カ所で最高更新」（２００３年12月２日）。12月、「師走の夏日、関東軒並み25度超」（同年12月６日）。これらの現象は世界的にも起きている。

この四つの気象異変から、洪水の頻度、規模が大きくなり、そして渇水に対する安全度も低下してきている。気象異変は、ダムによる洪水調節、渇水補給に対し万全の非常時の備えをするようにとメッセージを発している。ダム計画の基礎とする気象現象の確率の場が変わってしまった。これまでの延長線上の確率計算や水収支計算では間に合わない。

食糧自給と水問題

ドイツ環境省の発表によると、地球環境はダイナミックに変化しつつあるという。地球上で人口は１年間では７８００万人増加し、その人口増に対して必要な穀物量は２１３０万トンで、それに必要な耕作面積は７２０万ha、その耕作に必要な水の量は２１３億トンであるという。利根川の年間総流出量の２倍、琵琶湖の貯水量に匹敵するという。まさに地球環境にとって恐ろしい時代に突入したものだ。

日本の穀物問題と水問題について考えてみたい。日本の穀物自給率は1960（昭和35）年から1997（平成9）年までの37年間に、82％から28％に激減した（その後も、28％前後を推移）。一方、同じ期間に、フランスは116％から198％に、ドイツは62％から118％に、そしてイギリスでは53％から130％に自給率を上げている。日本の輸入先は、トウモロコシは約90％、小麦は50％、大豆は80％とアメリカ一国に偏重している。

この実情についてどのように考えるか、「百家争鳴」の議論がある。かつて小泉内閣のときの経済政策では「市場原理を貫くことこそ、日本そして世界の繁栄につながる。世界経済はグローバル化していて、個々のアンバランスを気にしていたのでは世界貿易は成り立たない」という意見があった。しかし、一方、「国防と食糧だけは、他国との協力は当然としても、自らある程度確保するのが独立国家ではないか、大きな国際紛争に巻き込まれたら、大変なことになる」という意見の人。そして「日本の農業が廃《すた》れ、農地や田園が荒廃するのはこれが原因である。どうにかしなければ……」という意見の人。21世紀の日本のあり方を考えた場合に、どうすればよいのであろうか。穀物1トンを生産するのにおおよそ水1000トンが必要とされている。

20世紀は石油の争奪で紛争が生じた、「石油戦争の世紀」であった。しかし、21世紀は水の争奪で紛争が起こる「水戦争の世紀」になるという。「世界のパンかご」と呼ばれ、全世界のトウモロコシの3割、大豆の4割を生産するアメリカの大穀倉地帯で、過剰な地下水の汲上げで地下水位が10年で30ｍも下がり、あと40年で大草原も乾燥化し砂漠化するであろうと言われている。世界の穀物取引量の80％がシカゴの先物取引所で扱われている。この数年、トウモロコシや大豆の異常高値などの価格変動はその兆候であるという。21世紀は飢餓の時代に突入したとも言われている。

レスター・R・ブラウン氏（アメリカの思想家、環境活動家）によれば、水不足は従来、地域に限定された問題であり、水の需要と供給を調整するのは一国の政府の役割であったが、今はその様相が変わりつつあるという。

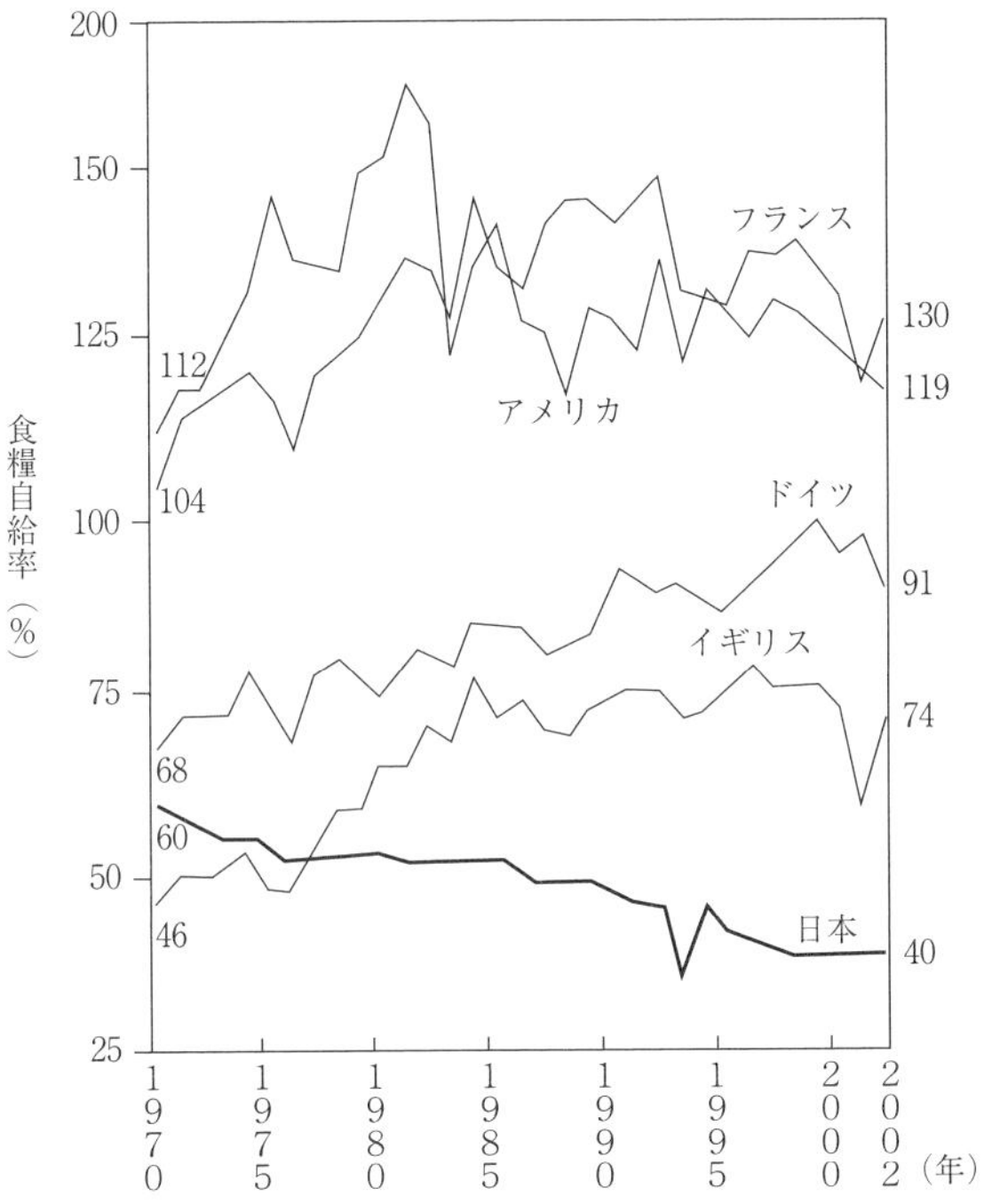

図　主要各国の食糧自給率（カロリーベース）の推移
資料：日本以外のその他の国についてはFAQ"Food Balance Sheers"などを基に農林水産省で試算

国際的な穀物取引きのかたちで水不足問題は国境を越えている。

1トンの穀物を生産するには、水1000トンが必要となる。したがって、穀物を輸入に頼ることで、水を最も効率的に輸入することができるということになる。つまり、穀物の輸入需要が増えている国は、それだけ水不足が拡大しているということになる。10億を超える人口の中国やインドでは、水不足が急速に拡大しているという。

世界の水消費量と持続可能な水供給量の差は、毎年拡大している。帯水層の枯渇、都市部への水供給は灌漑用水の不足を拡大し、水不足に悩む多くの国々で穀物生産の不足を招くことになる。

日本国内の年間の農業用水の使用量は、570億m³であるのに対し、日本の農作物の輸入量を栽培するのに必要な水量（仮想水、バーチャルウォーターと称している）は、実に650億m³であるという。

一方、日本の食糧自給率は、カロリーベースで4割に過ぎず、残り6割を輸入でまかなっているという。仮に、日本が輸入している食糧をすべて国内生産に切り替えて、食糧自給率100%にしようとすれば、年間約650億m³の水資源が今後新たに必要となる。

これは琵琶湖の貯水量の約2・5倍にもなる量である。日本がこれまで建設したダムの総貯水量は204億m³であり、その3倍以上が必要になるということである。

日本はこれから急速に、世界の水戦争の渦中に巻き込まれていく。欧米諸国が食料自給率100%を確保したようにとはいかないまでも、大幅に落ち込んだ自給率をせめて50%まで回復させようとしても、すでに日本の河川の水利秩序は農水の転用などが進み、打つ手がないのではなかろうか。「瑞穂の国」日本の国土を潤す水を確保するため、「国家百年の計」の水政策が緊急の課題である。

国家百年の計を弄《もてあそ》んではならない

「コンクリートから人へ」という耳触りの良いフレーズは、民主党の政権公約に高らかに掲げられていた。コンクリートは無駄な公共事業のシンボルであるかのような物言いである。田中康夫氏の「脱ダム宣言」のときも、コンクリートダムは環境破壊のシンボルとされた。しかし不思議なことに、コンクリートダムよりはるかに多く建設されているアースダム（土堰堤）については、脱ダムの標的にされなかった。アースダムは環境破壊ではなくて、コンクリートダムは環境破壊だという理屈――これは一体どのような思慮からくる結論なのか。

２００３（平成15）年1月1日付の毎日新聞に「政治の閉塞感を撃つ」と題して、当時の長野県知事田中康夫氏と二人の国会議員による三人の新春政治座談会が載せられていた。脱ダム宣言で議会が紛糾し、知事選で再選された田中知事のこれまで日本の政治家にはなかった極めて特出した政治姿勢について、本音がわかるのではないかということで読んでみた。以下、関心のあるところを引用する。

田中氏は「私は（作家デビュー以来）22年間……ずーと世間に晒《さら》されてきた……私に対する評価を皮膚で感じてきた。……芸能人やスポーツ選手が日々移り気なファンの厳しい視線を浴びながら成長するように、こうした「恍惚《こうこつ》と不安」の試練は政治家にも必要なんだ。市民が最も鋭いんです。……無党派を相手にするには……「毎秒（人気）のベストテン」をやっているようなしんどさです。……市民の英知を信ぜずして、如何して政治なんぞを請け負えるかってことですね」と述べている。また、当時の小泉内閣に対して、田中氏は「彼（小泉首相）が瞬間風速的に支持されるのは、その発言がテレビ的だったからです」そして「小泉政治は「ワンフレーズ」政治で、誰も責任をとらない護送船団である」と評している。

ところで、長野県の脱ダムの2ダムのその後について、地元新聞によると浅川ダムは脱ダム宣言により中止になった。その後、浅川ダムに代わるダムによらない治水対策案が２００４（平成16）年9月に県から地元に示された。その内容は名前こそ「河道内遊水地」と言うが、事実上、高さ28～49・5メートルのコンクリートダムであった。脱ダムとは、コンクリートダムは駄目でアースダムなら対象外であり、さらに同じようなコンクリートの躯体でも、コンクリートダムと言わずに河道内調整地と称すればよいというような、実にどう考えても辻褄《つじつま》の合わない摩訶不思議な論理であった。一方、下諏訪ダムに代わる治水対策については20年以上先送りする方針転換をしたという。2ダムの地元説明会に田中知事は出席せず、住民から「知事が出席し説明しても

浅川ダムの概要

- ○場　　所　長野県長野字浅川
- ○目　　的　洪水調節
- ○形　　式　重力式コンクリートダム
- ○ダム高　53m
- ○堤頂長　165m
- ○堤体積　14万1千m^3
- ○総貯水容量　110万m^3
- ○洪水調節方式
  - ・常用洪水吐き　自然調節（高さ1.45m×幅1.3m×1門）
  - ・非常用洪水吐き　自由越流（高さ1.8m×幅13m×6門）

図　浅川ダム完成予想図（長野県浅川改良事務所HPより）

らわなくては納得できない」と、知事の無責任さに不満の声が上がったという。

「巧言令色少なし仁」という。政治には仁をもってすべしというのが論語の古今東西普遍の教えである。小泉氏の「ワンフレーズ政治」はまさに「巧言政治」である。田中氏の「毎秒のベストテン的嗅覚によるマスコミ迎合政治」はまさに「令色政治」である。小泉氏と田中氏の共通点はマスコミに対するパフォーマンス「巧言令色」である。小泉氏のワンフレーズ巧言には仁は感じられない。田中氏のマスコミ迎合には真は感じられない。これまで、権力者である首相や知事の一言の失言をマスコミは強烈に批判してきた。しかし、小泉氏や田中氏の失言にはなぜか寛容である。マスコミは公器である。時の権力者がマスコミに迎合し、マスコミは公器であることを忘れ、時の権力者を利用してきた感がある。

田中氏の「脱ダム宣言」は、まさに毎秒のベストテン的嗅覚により、敏感に時代を把握し方向性を示した政策のつもりである。脱ダム宣言が瞬間風速的に支持されたのは「ダムは無駄」、「ダムは環境破壊」というマスコミがつくる世の風潮にマッチしたからである。しかし、「毎秒のベストテン的嗅覚による人気取り政治」は、どんなに人気のあるアイドルもそうであるようにせいぜい数年しかもたない。政治とは責任を取らなければならない。名君と言われた政治家は国家百年の計で治水事業を行った。「川を治めるものは国を治める」と言われてきたように治水事業は国の根幹となるものである。治水事業は世の風潮といったムード的嗅覚によって決めるべきものではなく、徹底的に国土を知り、川の流れを知り尽くして決めるべきものである。

嘘でも三度新聞に載れば人は信ずる

ヒットラーが「どんな嘘でも三度新聞に載せられると人は信ずる」と世論操作の極意を述べている。「唯一残された天然河川・長良川を守れ」というキャッチフレーズ・スローガンのもとに、長良川河口堰《ぜき》反対運動は、多くの人々を巻き込んで展開されていった。

長良川は全国109の一級河川のうち、二番目の人工河川であることは、河川の専門家では常識中の常識である。ちなみに、一番目の人工河川は長崎県の本明川である。本明川は諫早水害を受けて、河川区域全延長に人工の手が加えられているので100％人工の河川である。長良川は、

表　一級河川の人工水際率ベスト5

河川名	延長	人工化された水際線	人工化率
本明川	16.0 km	16.0 km	100 %
長良川	147.0 km	124.3 km	84.6%
鶴見川	44.0 km	37.0 km	84.1%
天神川	32.0 km	25.3 km	79.1%
重信川	32.0 km	24.5 km	76.6%

環境庁：第3回自然環境保全基礎調査（1985年）による

平田靱負ら薩摩藩士51人の切腹で有名な「宝暦治水」や、デレーケによる「木曾三川分流工事」により築堤された人工化率84・5％の全国第二の人工河川である。京浜の鶴見川より人工化率が高いことから、どれほどの人工河川か首都圏の人でも想像がつこう。

長良川河口堰報道で何度も新聞に取り上げられた反対運動の、事実に反するキャッチフレーズやスローガンは、「ダムも堰もない唯一の河川」「本川にダムのない唯一の河川」「長良川しかいない絶滅危惧種サツキマスを守れ」「頭の上3mまで水をためる河口のダムは危険」「河口のダムで土砂がたまる」「長良川の鵜は天然のアユしか食べないので長良川の鵜飼ができなくなる」「堰柱が洪水時の流れを阻害し、1mも堰上げて危険」等々があった。いずれもマスメディアは事実を検証せずに何度も報道した。一方、地元の「環境も大切、もっと大切人の命」というような悲痛な叫びはほとんど報道されなかった。

椎貝博美山梨大学元学長は「あれほど多くのマスメディアが事実を曲げて報道し、それを日本人が信じたというのは第二次世界大戦以来ではないか。それが毎日毎日、新聞に出て、事実ではないということをいくら投稿しても取り上げない。これは報道に何か意図があったとしか思えないわけで、非常に不思議な現象だった」と述懐されている。

マスメディアが、長良川は実は天然河川でなく人工河川であったという釈明をいまだにしたことはない。誤報を垂れ流し、世の多くの国民をだまして世論を誘導したマスメディアの悪い意図があれば効果はあり、そのような意図がなければ、知らず知らずに犯している罪ははかり知れないものがある。

長良川河口堰論争の当時、鯨岡兵輔元衆議院議長がＮＨＫが報道する内容は正しいと信ずると言っていた。また、ある参議院議員も三大新聞が書けば、それが世の正論であると言っていた。マスメディアが何度も繰り返し報道する耳触りのいいキャッチフレーズと、環境保護というムードに踊らされ、学者や国会議員や作家など世の多くのオピニオンリーダーといわれる著名人が事実を調べもせず、理解もせずに反対運動に加担した。

日本のマスメディアの国民からの信頼度は非常に大きい。その巨大マスメディアが情緒論で、長良川河口堰に引き続き、一面的、表面的な見方のもと、一方的な価値観で「ダムは無駄」とか、実質水不足の実態を踏まえずに「水は余っている」とか、「ダムは環境破壊だ」とか、特異事例で「ダムは堆砂で埋まり死の川にする」などと大々的に何度も取り上げて報道する。北朝鮮の金正日が「拉致問題などない」と何度も言明したことで、日本の政党は組織をあげて拉致問題などないとごま化されてきた。オウム真理教の麻原教祖が信者に使ったマインドコントロールとどこかあい通じるようにも思える。

専門家を拒む社会の危うさ

２００１（平成13）年４月15日付の東京新聞の８面と９面の二面を使った「世界と日本大図解シリーズ」№.４７３（学校の教材に役立つ大図解）に、「転機迎えた河川の治水」「脱ダムの世紀へ」と題する特集が掲載されていた。

「長野県知事の「脱ダム宣言」をはじめ治水の要とされてきたダム建設への反発が全国で高まっています。自然破壊、堆砂などさまざまな問題を抱えたダムに頼らず、河川の氾濫を前提とした治水対策も模索されはじめています。ダムを取り巻く最近の動きを図解します」と特集の趣旨が書かれ、「明治時代中期以降の近代的治水は、数十年から二百年に一度発生するような洪水を対象として……巨大なダム群、堤防、放水路を主体に……完成までに何十年もかかり……通常の洪水対策が後回しになり、実質的に被害がでる確率が高くなっている。……市民などの素人を寄せ付けず専門家のみによって維持されてきた……治水は自然を相手にしているだけに、……川をよく知っている流域住民の意見なども重視していくべきだ。……子孫に良好な環境を残すため、専門家主導でない洪水対策に住民が……取り組む機会を「脱ダム宣言」は与えた」と新潟大学の大熊孝名誉教授の談話が載せられている。「素人の支配する社会」の到来の高らかな宣言のように見える。

素人を寄せ付けず、専門家のみによって維持されてきたのは、ダムがそれだけ専門性を要求される分野だからであって、専門家が独善的に素人を排除してきたわけではない。

世の中に多くの「メリット・ウォンツ（価値欲求）の問題」がある。国民の「価値欲求」を踏まえながら、政府がどのような社会を実現すべきかを明確にすることであり、国民の「価値欲求」を鵜呑みにした政策を打ち出していくことではない。

ダム問題は、専門家すなわち玄人だけが価値を認識していて、一般の人たちにはなかなか価値が理解できない分野である。玄人とは、その道の価値を評価し、身をもって追求して、その結果価値が生まれてくる過程を理解し認識できる者、現代風には専門家ということである。

日本人は「水」と「安全」はタダ、すなわち金を払う価値がないものだと思っている世界的に稀有《けう》な国民であり、「平和ボケ」「安心国土ボケ」だとも評されてきた。毎年、全国のどこかで災害が起こっているのに、なかなかそれを自分の身に置き換えて考えることができない、また自分は関係ないと思っている国民である。災害は忘れたころにやってくると寺田寅彦に言わしめたほど健忘症の国民でもある。天変地変に対する防災の価値、治安の価値、国防の価値を正当に評価できていいない。

古来より、いつまでもあると思うな「親」と「金」と言われてきた。亡くなって初めて親の有り難さを認識する。知識としてわかっているつもりでも、実体験しなければわからない価値である。すなわち「他山の石」の分野である。知らないこと、「無知」の結果により価値がわからない分野がある。それらは知る深さの度合いにより価値が上がってくる分野である。タリバンによるバーミアン仏教遺跡の破壊などに見られるように、価値観の違いからマイナスの価値評価を与える場合がある。

昔、違いがわかる者のウイスキーという宣伝の文句があった。他人の価値評価を鵜呑みにするムード的な評価に流されやすい。要は「猫に小判」「豚に真珠」の問題でもある。先人の知恵と汗で築いてきた安全安心な国土の価値を評価できる者が、子孫に良好な国土環境としての基盤整備ができるのである。

水の恩恵と水の恐怖に無自覚でいられるとすれば、それは私たちの先祖の「汗と叡智《えいち》」のたまものにすぎない。私たちは過去の遺産の上に胡座《あぐら》をかいて、自然と人間との適切な関係を見失っているように思われる。水とともにあった人間の生活の原点に立ち返って、自然と人間との永遠の課題に対して、現代に生きる者としてどのような姿勢をとるべきか、よくよく考えていただきたい。

治水事業は国家百年の計でつくるもの。安全安心な国土の根幹となる河川を治める思想は不易《ふえき》である。世の中の「○○改革」と称される類のころころ変わる追随の思想ではない。先人の知恵と汗で獲得した価値を評価しようとしない流行を追う人には、理解できないのかも知れない。

であるならば、ダムの専門家たちは、もっと国民に対してその重要性を説いていかなければならないだろう。そして、火事は常に対岸で起きるものではないこと、安全安心な国土に感謝する気持ちを忘れないことなどを、広く知らしめる必要がある。専門家主導か、住民主導かといったイニシアチブの選択が問題ではないのである。

第2章 ダムと洪水

年々危険を増す天井川の宿命

天井川《てんじょう》とは、土砂の流出堆積が激しい河川で、たび重なる氾濫を食い止めるため、堤防の嵩上げを繰り返し、その結果、周囲の土地よりも川底のほうが高くなってしまった川のことである（69ページ参照）。

河川の氾濫原と堤防との高さの関係を理解していただくために、河川区域や堤防高と市街地氾濫区域の横断面図が描かれる。縦軸（垂直）の縮尺を横軸（水平）の縮尺より数倍強調して描かれることにより、日本の川は天井川化していることが感覚的に良く理解できると思う。一方、ロンドンのテムズ川やパリのセーヌ川など、欧米の主要都市を流れる河川は市街地の最も低いところに掘込み河道として位置している。日本の都市は河川の洪水位の下にあり、欧米の河川は都市のいちばん標高の低いところにある。

天井川はどのようにして形成されるのか。洪水には多くの土砂が含まれている。洪水の氾濫を抑制するため堤防を築くと、河道内に堆積する土砂が増えて、川底が高くなる。川底が高くなれば、堤防の高さに余裕がなくなり、流下能力が減り、それだけ破堤が起こりやすくなる。そこで堤防をさらに高くしなければならない。しかし、川による土砂の運搬・堆積作用は常に続いているので、川底は上がり続ける。堤防はまた高くしなければならなくなる。天井川は自然の営為と

川の下のトンネル、JRが通る

JR線のトンネルの上部の河道

写真　住吉川（天井川）

人為との合作である。

このようにして周囲の土地より河道のほうが高くなってしまった川が天井川と呼ばれる。いくら堤防を築いても、築けば築くほど危険性は、ますます増加するという天井川の宿命の輪廻となる。その宿命を絶ち切るためには、天井川を放棄し、新たに低い位置に新放水路を開削するか、それとも川底を掘り下げる浚渫を営々と持続的に行わなくてはならない。

天井川形成の必要条件は次の三つである。まず一つ目の条件は、上流から大量の土砂供給があることに加え、下流部では河川勾配が緩くなり、流速が小さくなって土砂堆積が進む傾向の河川性状であること。二つ目は、洪水の氾濫を必死にくい止めようとして、氾濫流の流路を固定しようとした人為行為があること。三つ目は堆積により河床上昇が進むたびに、より破堤しないように高く堤防を築く行為が続けられたこと。この三つの条件がそろわなければ天井川は形成されない。

世界を見わたしても、日本ほど天井川の多い国は見つからない。日本は２０００〜３０００m級の山岳を抱いている一方、島国のため河川の流路延長は短い。このため、上流部では急峻《きゅうしゅん》な地形と多雨により土砂供給が盛んであるが、下流部では急激に勾配が緩やかになり堆積傾向となる。天井川は、このような河川特性と氾濫から田畑を守るため、必死に堤防を築いてきた勤勉な民の合作である。一方が欠けても天井川は形成されない。

天井川は日本の河川の最大の特徴と言えそうである。この特徴のため、天井川は時間がたてば土砂堆積は進み疎通能力は低下し、破堤の頻度は間違いなく増加する。また、天井川は川底が高いため破堤時の被害は甚大である。日本の主要都市を流れる河川は、ほとんどが天井川となっている。関東平野の利根川や荒川、大阪平野の淀川や大和川、濃尾平野の木曽三川等々である。

これらのことから、わが国の洪水氾濫の危険のある区域は面積にして全国土の約10％であり、そこに全人口の約50％が住んでいる。氾濫区域内人口密度は平方キロメートルあたり、実に１５５４人と超過密であり、資産の75％が集中している。一方、アメリカでは氾濫危険区域は面積にして７％であり、そこには全人口の９％が住んでいる。氾濫区域内人口密度は平方キロメートルあたり34人である。アメリカに比べてわが国の河川周辺がいかに高密度に利用されているかがよくわかる。したがって、日本の年平均水害被害は20万棟であり、火災被害の年平均５万棟、地震被害の年平均３９００棟と比べて際立って多い。人口１人あたり年平均水害被害額は、アメリカが３・65ドルに対して、日本は12・96ドルと多くなっている。

河川は自然の営為であり、生き物である。河川の適切な管理を怠れば確実に危険度を増してくる天井川の宿命と、われわれはいやがうえにも付き合っていかなければならないことを忘れてはならない。

河川管理の難しさ、終わりなき治水事業

土木の事業は、計画の策定から建設工事に移り、完成すれば後は維持管理し、必要に応じ修繕や改築するというステップを踏む。確かに高速道路や発電所などの建設はそのとおり典型的なステップをたどる。しかし、災害に強い国土づくりの根幹たる河川事業についてはどうであろうか。

利根川の河川事業を例にとり、考えてみよう。1896（明治29）年に河川法が制定され、外国人技術者の指導のもとに計画対象洪水（河川計画の対象とする洪水）を毎秒3750㎥と定め、本格的な治水事業が始まった。しかし、1910（明治43）年の未曾有《みぞう》の洪水を経験し、改修途中であったが計画流量を毎秒5570㎥に改定した。その後、1935（昭和10）年と1939（昭和14）年に計画高水位を軒並み超える洪水を経験し、毎秒1万㎥に改められた。1947（昭和22）年にカスリーン台風を経験し、計画対象洪水を毎秒1万7000㎥に改定することを余儀なくされた。さらに1980（昭和55）年には、流域の開発と安全度の向上を目指して、計画対

象洪水が毎秒2万2000㎥に再度改定され、今日に至っている。

たった100年足らずの間に、計画を立てればそれを突破され、6回もの流量改定で実に当初の約6倍の規模にまで引き上げられた。計画高水を上回る洪水を経験するたびに、既往実績洪水までは、少なくとも安全に流したいという国民の要請に応えて、流量改定がなされてきた歴史である。このことは、洪水という自然現象を的確に捉えることが、いかに難しいかを如実に教えてくれている。

より安心して住める国土を目指し、終わりがないのが河川事業であり、道路事業などとは本質的に異なる。河川事業の特殊性は、道路事業と比較し整理するとよくわかる。

まず一つ目の特殊性は、河川は自然の営為そのものであり、本来これを設置するか否かは人為の及ぶところではなく、選択の余地がない。危険を内包した状態のまま供用されているという点である。一方、道路は利便性などの観点から設置するか否かは人が選択するものであるが、設置し人の供用によって初めて交通事故や災害などの危険性が生じる。道路や橋は好きなところに人様の都合に合わせた構造のものがつくれる。しかし、河川は人間が河畔に住み着く以前より、自然の摂理に従いそこに流れていて、変幻自在に様相を変化し、ひと時も同じではない。

二つ目は、危険回避手段の有無である。道路は通行禁止とか立入禁止という簡単平易な手段で危険を回避できる。一方、河川については危険状態回避のための簡単平易な手段がない。破堤すれば一巻の終わりである。

三つ目は、河川は流水という自然現象を対象としているため、その原因となる降雨現象（時期、規模、場所など）の予測困難性を本質的に内包している点である。一方、道路は人や車といった人為的な現実の交通量が対象なので、規模など予測が比較的容易である。

四つ目は、洪水という外力の把握は、実物の実験によることが不可能であるという点である。実際の洪水によってのみ初めて把握される。堤防が計画洪水でも保てるか保てないかは、その水位を経験して初めて自信がもてる。一方、橋梁などは縮小模型実験でほぼ正確な応力解析ができる。また、道路は供用開始以前に実物大の実験を行い、確認することができる。

五つ目は、河川は生き物で、常に土砂堆積と河岸侵食などの自然の営為を繰り返しながら進んでおり、放置すれば日々危険性を増していく。

そして何より難しいのは河川管理には四つの制約がある。一つは財政上の制約である。国の目標とする河川改修事業の完成のためには、莫大な国家予算が必要である。二つは時間的制約である。河川改修などの大規模な工事は、それを着手したとしても長い年月を要する。三つは技術的制約である。現に水が流れているところを扱うので、多くの技術的な課題がある。四つは社会的制約である。用地取得が必然となる場合が多いが、日常的な利益に直結する道路事業などに比べ、治水という非日常的な機能増強のための協力は容易には得られない。

河川管理に求められているのは、このような治水事業の神髄を理解した高い見識のもとの総合的なエンジニアリング・ジャッジメントである。

「面の治水」から「線の治水」そして「点の治水」

人類は、洪水という自然の猛威にどのように立ち向かってきたのであろうか。歴史を振り返ると、歴然としている。河川の氾濫には太刀打ちできず、人々は高台に住み、氾濫原を徐々に農耕地に変えて、河川の氾濫の被害を軽減するために霞堤（河川の中流部に設置される開口部を有する不連続な堤防で、局部的な遊水効果を期待する堤防）や二線堤（本堤防が切れても重要な地域を守る控えの堤防）、遊水地（川の増水時に氾濫を防ぐため一時的に水を貯め込む施設）を築造してきた。これらの治水の知恵は、面的に広い地域で洪水被害を軽減する手法である「面の治水」であった。

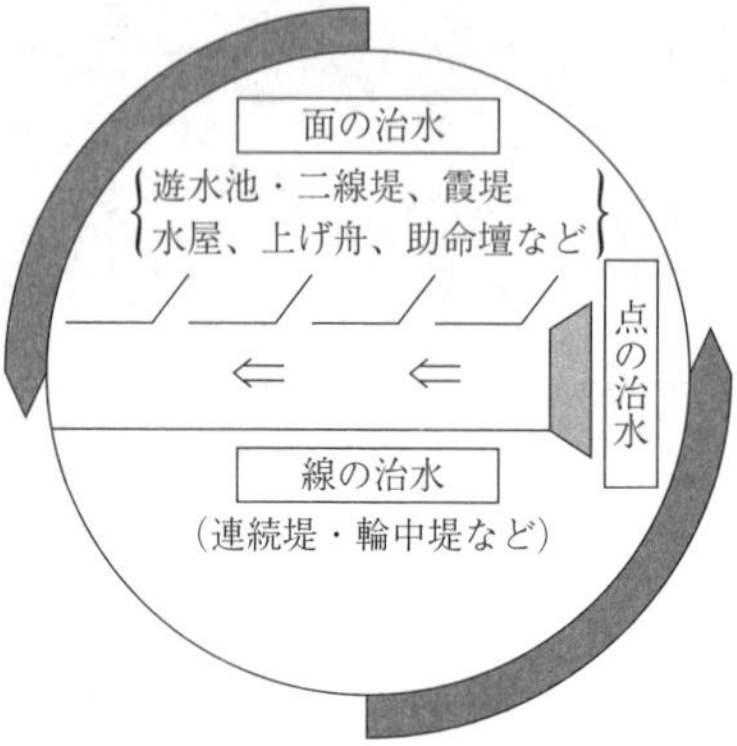

図　面、線、点の治水

その後、氾濫原の土地利用がより高度化するにつれて、霞堤を閉めて一連区間の連続する堤防により洪水被害を軽減する手法である「線の治水」が導入されてきた。

堤防だけによる治水対策が難しい場合には、ダムを建設し洪水被害を軽減する「点の治水」による洪水調節が導入されてきた。わが国の洪水は、短時間のうちに増水し、また短時間のうちに減水するという特性をもつため、適切なダムサイト（ダム本体を建設する場所）があればダムによる洪水調節が極めて有効であることから、堤防による「線の治水」とダムによる「点の治水」の組合せへと展開してきた。これは治水の歴史の大潮流である。

「点の治水」であるダム建設は、ダムサイトという地形的にも地質的にも極めて恵まれた区域内の一点の集中工事である。ボーリングや物理探査など様々な地質調査を駆使して適切なダムサイトを選び、水道《みずみち》となりそうな地盤に対して、ルジオンテストという方法で改良度合いをチェックしながら止水処理が実施される。このようにしてできた基礎地盤の上に、堤体が築造されるので盤石である。このように点での対策であるので、最先端の技術を駆使して基礎も堤体も技術的に万全を期した設計施工ができる。

一方、「線の治水」である堤防の場合はどうであろうか。堤防の基礎地盤はほとんどの場合かつての氾濫原である。幾たびかの河川の氾濫によりできた堆積層のため、薄い堆積層ごとに透水係数などの物理性状は千変万化である。きめの細かい基礎の遮水を考えるには、これらの薄層ごとの地質性状を知らなければならない。それを知ろうとするには、トレンチなどの目視観察以外にあまり有効な調査手法がない。

一方、堤防それ自身もその原点は自然堤防のところを、過去の洪水のたびごとに繰り返し嵩上《かさあ》げされてきた築堤の歴史そのものである。つまり堤防も、タマネギの皮のように順次、表面を重ねて形成されてきたもので、その断面性状についても千変万化である。破堤して断面が現れて初めてわかるのが実情である。ダムの堤体と比較して、はるかにその性状の把握は難しい。

「線の治水」の堤防は、その基礎も堤体そのものも「点の治水」のダムと比較して、その性状把握の精度はいくら頑張ったところで、ダムとは格段に精度の落ちるものにならざるを得ない。したがって、堤体・基礎の性状把握の精度に応じた対策（工事）しかできないこととなる。

さらに、日本の河川は一級河川（国土上重要である水系について、河川法に基づき国が管理している河川）と二級河川（一級河川に次ぐ重要な水系で、河川法により都道府県が管理している河川）をあわせると2832水系で2万1073河川あり、その総延長は12万3231kmと実に地球3周以上の延長になる。堤防の総延長はその河川の左右岸に堤防があるので単純には河川の2倍となる。山付部や無堤区間もあるが割り引いても堤防区間はかなりの延長になる。このような堤防を補強して越流すれども破堤せずというのは、おおよそばかげた妄想と言わざるを得ない。

大宝律令から「土堤の原則」へ

日本の近代土木技術は、今や世界一の夢の架け橋・本州四国連絡橋を完成させ、また世界最長の青函トンネルを開通させ、世界に冠たる新幹線を走らせ、日本の経済発展を支えた高速道路網をつくった。まさに日本の土木技術は世界一と、自他ともに認める最高レベルとなった。これらの世界に誇る大プロジェクトを完成に導いたのは、わが国の最先端土木技術の役割が大変大きかったことは言うまでもない。

しからば、土木技術の原点の構造物である河川堤防の築造技術は、どのような最新の高い技術が駆使されているのか。河川堤防の親戚にあたる土堰堤については、均一型のアースダムからゾーン型のフィルダムとなり、遮水コア、フィルター、ロックゾーンとゾーニングが行われ、強力な振動ローラーなどの大型施工機械、粒度分布調整や突固め理論による最適含水比などのきめの細かい施工管理が行われ、大ダムの築造が可能となり、数々のハイダムの建設という近代土木技術の金字塔を打ち立てたのである。

では、本家の河川堤防はどうであろうか。堤防の外形の姿かたちは断面測量でわかるとしても、堤防を構成している築堤材料としての土質の物理的性状などは把握されていないというのが現状ではなかろうか。淀川の堤防も茨田の堤以降、千年以上の時間をかけて、何度も何度も上へ上へと積み上げてつくられた多重たまねぎ構造になっている。破堤した断面を見て初めてそのことが知らされる。一番外側のたまねぎの皮にあたる最近の築堤部分についても、粒度調整や最適含水比の厳密な施工管理を行われていないように思える。堤防定規という丁張《ちょうば》りによる出来形管理程度ではなかろうか。最新土木技術の駆使と言うにはほど遠いのではなかろうか。

河川堤防の最古のものは仁徳天皇による「茨田の堤」だと言われている。そのころの築堤技術は大宝律令（701年）の営繕令から想像される。それによると、「大河の堤防は、国司、郡司が巡回を行い、もし修築を必要とする場所があれば、秋の収穫後に施工させ、かつ労力の多少を考え、下流より上流に及んでいくこと。しかし、大破のときは五日以内に復旧せよ。もし、五百人以上の労務者を要する場合は報告し、場合によっては軍団の兵を用いてもよい。なお、堤防の内外および堤防上に、楡《にれ》、柳、および椎《しい》の木を植えて堤防の維持に当てよ」とある。これらの樹木を水防資材として使えということのようである。古代の敷葉工法や木流し、柳枝工など、現在の水防工法につながる各種水防工法が当時にもあったのではないかと想像される。

ここで注目したいのは、「5日以内に人海作戦で復旧しろ」ということである。現在の堤防は古来より何度もたまねぎ状に、上におおい重ねてつくられてきたものである。したがって、堤防内部の物理的性状はうかがい知ることはできない。これは、河川という生き物に対し、緊急修復が築堤の基本哲学であることを教えている。

この基本哲学が、今も「河川管理施設等構造令」に「土堤の原則」（堤防は盛土により築造されるものとする）として受け継がれているのである。その理由として五つの利点がある。①材料が得やすい、②劣化しにくい、③修復しやすい、④基礎地盤と一体化してなじむ、⑤経済的である。そして、越水に弱い欠点はどうしようもないが、越水しなくても、洪水流に土堤がえぐられることがしばしばあることに対しては、護岸で守ろうという考えだ。

堤防は、そもそも①地震で築堤に亀裂が生じる、②洪水により洗掘侵食の履歴を受ける、③樹木の根が風で亀裂が入る、④樹木の根が張り堤防に亀裂が入る、⑤天端の交通荷重により堤防が劣化する、⑥堤防基礎地盤の圧密により沈下する、⑦土堤部とコンクリート構造物との地震時の挙動の相違や沈下に対する追随性の相違から亀裂やすき間が生じる、などの要因で時間の経過とともに劣化していくといった、いかんともし難い宿命を背負っている。これを認識した維持管理の哲学が重要である。

堤防という、その捉えどころのない代物に対して、まったく初めてゼロから築堤するなら別かもしれないが、通常の築堤の場合は、たまねぎの皮をつくるようなものなので、大局的に間違いない技術としては、堤防定規という丁張りによる出来形管理がいちばん素直だということになる。それにしても最近、住民参加のもとに切れない堤防という幻の論議が盛んに行われているが、堤防とは、どこが切れてもおかしくないのである。よく切れる鋭利な刃物・カミソリになぞらえ、カミソリ堤とはよく言ったものである。

愚者は己の体験に学び、賢者は歴史に学ぶ

「愚者は己の経験に学び、賢者は歴史に学ぶ」という、大変意義深い言葉がある。この言葉はドイツの鉄血宰相といわれたビスマルクの言った言葉である。歴史に学ぶとは、先人のその時代

に必死に生きてきた壮絶なドラマから、教訓となるものを学べということである。そのドラマから学べとは、先人のことを解決するための知恵の結集と経験から学べということである。経験とは、過程と結果からなる。

一人の人間の知恵は一人分しかない。一人の人間の経験は一人分しかない。しかし、学ぶことすなわちまねることにより、多くの人の経験を疑似体験することができる。歴史に学ぶとは、歴史的事象から、先人が事にあたり処してきた知恵と、処してきた経験（すなわち過程と結果）を疑似体験できるのである。川の将来のあるべき姿を考える場合、川の歴史から学ぶべきある。

1896（明治29）年洪水を受け、1900（明治33）年に策定された「明治改修計画」は、栗橋上流地点で流量を毎秒3750㎥と定めた。その後、1910（明治43）年8月の洪水を受け、1911（明治44）年に「利根川改修計画」として八斗島地点で毎秒5570㎥と定められた。その後、1935（昭和10）年9月と1938（昭和13）年6月の2度の洪水を経験して、1939（昭和14）年に「利根川増補計画」として八斗島地点で毎秒1万㎥に上げられた。さらに1947（昭和22）年9月洪水を受け、1949（昭和24）年に「利根川改修改訂計画」として八斗島地点で毎秒1万7000㎥と定められた。

そのうち、毎秒3000㎥は上流ダム群による調節に期待し、河道では毎秒1万4000㎥を分担することとなった。さらに、首都圏の流域資産の増大に伴い、治水安全度を上げる要請を受け、基本高水の対象を既往最大洪水と200分の1年確率洪水の大きいほうにすることとし、八斗島地点の基本高水を毎秒あたり2万２０００㎥とし、うち毎秒６０００㎥は上流ダム群による洪水調節に期待し、河道では毎秒1万６０００㎥を分担することとなった。この90年弱の間に計画対象流量を約6倍にもせざるを得ない事態に至った。

その要因は、計画策定後、その都度それを上回る四度の大洪水が起こったということである。毎回の流量改定にあたっては、過去の洪水と流量改定の契機となった洪水に対して徹底的に分析したうえで、流量改定がなされたのである。しかし自然現象は、それらの人間の知恵の結集の不足を知らしめるように、上回る大洪水を生起させるのである。

計画流量の改定という事態に至っても、国家百年の計として、利根川の治水の築堤工事のほとんどが手戻りなく営々粛々と実施してこれたのは、大宝律令のときに定められた堤防の哲学「土堤の原則」の知恵なのだ。

治水の本筋ということで、異質物による堤防強化をすればするほど、流量改定時には大きな手戻りが生じることになる。国家百年の計として見た場合に国民の税金の大変な無駄遣いということになる。「土堤の原則」のもつ意義と先人の知恵の奥深さに感心させられる。

国家百年の計と暫定計画

古来より、「川を治める者は、国を治める」という中国の名言があるように、治水すなわち国土の保全は国政の根幹である。国家目標として、治水の安全度を決めている。

そこで、どの程度の安全度を設定するのが妥当かという点が問題になるが、この安全度設定上の大きな条件となるのが、守るべき流域資産の状況である。

地域区分（都市部か田園部か）や河道の状況（築堤河道部か掘込み河道部か）に応じて基本となる目標安全度を設定して、河川整備を実施することになるが、この目標安全度に到達するためには、河道拡幅か嵩上げのための築堤か、浚渫による河積の拡大のほか、多くの橋梁架替えや場合によってはダム・遊水地などの調節施設など大きな治水投資と長い年月が必要となる。

そこで、河川の最下流から順次目標の安全度で整備するということではなく、当面の整備（おおむね20〜30年間での整備を目指す）目標を設定し、優先度の高い区間から、段階的に治水安全度を高めていく暫定計画になる。要は、国家目標の基本計画と当面の目標の暫定計画の2階建ての事業計画という知恵なのである。

この当面の目標とすべき安全度の暫定計画においても、都市、住居、田園地域などの地域区分や掘込部か築堤部などの河道状況に応じたきめ細かい暫定目標が定められている。

ダムによる洪水調節効果は河川の全区間に及ぶ。また、ダムは再改築のしにくい治水上の基本的な施設であることから、「基本」の計画規模で計画される。

ダムにより洪水流量を低減しても、「当面」規模の目標安全度に達しない区間が残るが、これらの区間のうち、優先度の高い区間については河川整備計画を策定し、順次整備を実施していくことになる。国家目標は、少々のことでは変更すべきではない。国家財政などに応じ当面の目標を設定し、それを実施していき、それが完成すれば、当面の目標を順次上げて国家目標である基本目標に近づけていく。

手戻りなく順次目標を上げていくことを可能にするのが、大宝律令よりの「土堤の原則」の普遍の知恵でもある。この知恵は国を立派に治め、そして天下を平和に治める治国平天下の先人の血と汗で獲得してきた知恵である。財政に応じ臨機応変に対応でき、かつ将来の目標は見失わずという、実に国家百年の計を粛々と実施していく知恵である。治水事業は政権が変わっても、それに応じて国家の基本目標を変えていくような性質のものではない。緊急に整備するか、粛々と整備するかの違いはある。大自然の猛威は、地球規模の気象異変により増幅する気配であるが、それを脆弱《ぜいじゃく》な国土で受け止めなくてはならないという宿命は、政権が変わっても何ら変わることではない。

過酷な洪水という宿命に立ち向かう知恵は、堤防で守るか洪水を一時貯留する施設（ダムか遊水地）で守るか、それとも洪水氾濫の想定される地域には人は住まないかのいずれかであり、それ以外の知恵はない。「安全・安心国土は1日にしてならず」である。

琵琶湖の苦悩・洪水と渇水

筆者はかつて琵琶湖工事事務所の所長を務めた。その業務の一つに南郷（瀬田川）洗堰（堰の上から常時水を越流させる堰）の管理がある。すなわち、堰の開閉操作をつかさどるのである。瀬田川は琵琶湖の唯一の流出河川であるので、堰の開閉は琵琶湖の水位すなわち総貯水量を決めることでもある。渇水になれば「洗堰から放流し過ぎたからではないか」「琵琶湖周辺の洪水被害がでればなぜもっと水位を下げなかったのか」とマスコミが騒ぐ。筆者の在任中、史上第2位の琵琶湖の水位低下に見舞われた。マスコミは、何も分析をせず洗堰の操作を間違ったのでこのような渇水になったと批判記事を書く。その後、例年にない異常な少雨現象にもかかわらずこの水位を保てたのは、洗堰管理のおかげであることがわかっても、訂正記事は書かない。一度報道したことにより、人々に洗堰操作についての不信感だけはしっかり植え付ける結果となる。

また、大雨になれば琵琶湖の水位は上昇し、洗堰全開操作にもかかわらず、瀬田川の疎通能力に比較して琵琶湖はあまりにも大き過ぎて、1～2週間好天が続いても、なかなか水位は下がってくれない。そのようなときに、少しまとまった雨が降ることになれば水位はさらに上がり、湖周の低いところでは、冠水被害が出始める。マスコミは待ってましたと言わないまでも、洗堰操作ミスではないかと騒ぐ。実に洗堰の操作管理は騒々しくて一喜一憂の日々であった。

堰の管理で最も厄介《やっかい》なことは、下流の宇治川や淀川で計画高水位に近くなれば、洗堰を全閉しなければならないことである。すなわち、琵琶湖流域が大雨で、堰を全開して水位を下げなければならないときでも、下流の被害軽減のために全閉しなければならないという、上流の滋賀県民にとってはまことに非情な操作をしなければならないことが義務づけられている。

かつて、1972（昭和47）年7月の洪水のときに全閉しなければならない事態になった。当時の滋賀県の野崎欣一郎知事は土曜日の深夜、大雨の降りしきるなか、企画・土木・農林の3部長を洗堰に乗り込ませ、座り込みをさせた。一方、知事は建設省近畿地方建設局長（当時）に電話で、滋賀県民を救うために洗堰にダイナマイトをかけてぶっつぶすと息巻き、閉鎖を解除するまで電話を切らなかったという。この知事によるテロ行為まがいの行動に滋賀県民は拍手喝采《かっさい》である。滋賀県民にとって、瀬田川の流れを阻害するものには大変なアレルギーがある。琵琶湖・淀川のこの構図は現在も本質的に何も変わっていない。下流の幸せは上流の不幸なのである。

川の左右岸でも互いに利害は反する。洪水の最中、左岸の堤防が破堤するのを対岸の堤防上で見ていた住民が思わず万歳と叫ぶということが毎年どこかで起こっている。右岸の幸せは左岸の不幸なのである。流域の当事者の意見は上流と下流、左岸と右岸とは決して一致することはないのである。

河川法の改定で流域住民の意見を聞くということだが、下流の住民か上流の住民なのかどちらの意見なのであろうか。上下流意見が対立する一級河川は国が管理しているのではないだろうか。淀川流域委員会では詳細な検討のされていない段階で早々に「原則としてダム建設しないものとする」と決められたという。上流の滋賀県の知事は大戸川ダムと丹生ダムの中止は受け入れられないと表明している。知事は県民から選挙で選ばれた県民の代表である。結果に対して行政責任を取らなければならない真の当事者である。流域委員会の委員は行政責任はないという。淀川の流域委員会とはいったい何なのであろうか。

宿命の対決、洗堰全閉

琵琶湖の唯一の流出河川である瀬田川に設置された南郷洗堰が洪水時に課せられている使命は真に過酷なものがある。琵琶湖・淀川の洪水時に、下流の京都、大阪の洪水被害を軽減するために洗堰を全閉しなければならないことである。洗堰を全開し早く水位を下げたいときに全閉すれば、琵琶湖の水位は急上昇し、湖周辺で浸水被害が広がる。当然のことである。琵琶湖・淀川水系の洪水時には、上流は早く全開しろという、下流は全閉しろという。宿命の対立の悪夢の時を迎える。この50年を振り返ると、6回全閉が行われた。

１９６５（昭和40）年9月の24号台風で、下流枚方の水位が警戒水位を突破したため、洗堰をその後約14時間全閉した結果、琵琶湖の水位は１・２ｍを超え、湖周辺の耕地約5万haが浸水、水は10日間も引かず、総額で１０２億円もの損害を出した。一方、滋賀県の犠牲で下流の京都、大阪は洪水から救われた。同年９月末の県議会で「24号台風時に南郷洗堰が全閉され、滋賀県が高水位被害の犠牲になった。これは明らかに「人災」であり、国費で補償せよ」などの強硬な抗議が続出した。

当時の谷口久次郎知事は「24号台風で南郷洗堰が全閉され、県内で大被害を出したとき、ダイナマイトで南郷洗堰を爆破させてやりたい気持ちだった」とまで言った。この洗堰の操作権をあずかっている当時の建設省近畿地方建設局は「85万滋賀県民よりも、下流の1千万人住民を救うほうが大切」と苦しい立場を説明すると、「大の虫を生かすため、小の虫を殺すという思想は、小国の日本に原子爆弾を落としてもよいという危険思想に継がる」と反発してきた。洗堰の操作規則をつくろうとしても、当時の滋賀県は知事の操作同意権を明示されれぬ限り応じられないと主張していたが、１９９２（平成４）年3月に琵琶湖の水位管理を定めた瀬田川洗堰操作規則が定められた。

１９６１（昭和36）年水資源開発2法案が国会で審議されたとき、衆議院と参議院の建設委員会に当時、谷口知事が参考人として出席し「法案がどうあろうとも県の要望が通らぬ限り、琵琶湖には一指触れさせない」と痰火《たんか》を切った。近年、「氾濫被害を許容した治水」を唱える学者が増えてきたが、下流のために重大な被害に遭う滋賀県民と滋賀県知事を説得することが果たして可能なのであろうか。

1965（昭和40）年新河川法の制定時に「琵琶湖を淀川水系から独立した河川として指定せよ、そして従来どおり管理を知事に委任せよ」という主張を通すため滋賀県は国会に再三にわたり陳情を繰り返した。洗堰と大戸川ダムと天瀬ダムは上下流双方の洪水被害軽減のための3点セットの施設である。大戸川ダムと天瀬ダム再開発は南郷洗堰の全閉操作の緩和に大きな役割を果たすことが期待されている上下流双方の和解の切り札である。一方、丹生ダムは琵琶湖の渇水時の環境保全の切り札である。これらの一連のダムは上流と下流の宿命の対決から脱却し、上下流双方が助け合える真の治水計画の策定に向けての前提として欠くことのできない施設である。このための投資効果は限りなく、滋賀県知事は大戸川ダムと丹生ダムの建設を強く要請し続けてきていたが、ダム凍結を公約とした嘉田由紀子知事が当選し、大きく方向転換した。

一方、淀川流域委員会は具体的な事例を検討することもない時点で、早々に「原則としてダムは建設しないものとする」と決めた。当委員会には河川工学の専門家もおられると聞く。洗堰全閉の宿命の対決を今後どのように解決していこうと考えておられるのだろうか。もしそのような解決策もなく、なんとなく脱ダム宣言をしたとすれば、あまりにもずさんな結論だと言わざるを得ない。

ヒマラヤ以上の大山脈列島

南アメリカ大陸の東の海岸線とアフリカ大陸の西の海岸線の形がよく似ていることより、ウェゲナーが大陸移動説を唱え、そしてプレートテクトニクスが解明されることとなった。長さ約２０００㎞の日本列島と北に続く千島列島、そして南に続く南西諸島の三つの弧状の形は、長さ約２０００㎞のヒマラヤ山脈と、東に続くインドシナの山脈、そして西に続くヒンズークシの山脈の三つの弧状の形と相似形である。

太平洋と日本海の海水を取り除き、海底地形の起伏を見るため横断図を描くと、太平洋の海底と世界一深い日本海溝、幅５００㎞の日本列島、そして浅い日本海の海底面へと続く最大標高差１万ｍ以上の横断図の形は、インドのデカン高原、ガンジス川がつくるヒンドスタン平野、幅約５００㎞のヒマラヤ山脈、そしてチベット高原へと続く最大標高差約８０００ｍの横断図の形とあまりにもよく似ている。

このことより、地殻・巨大プレートの動きが解明されてきた。海水を取り除けば日本列島はヒマラヤ山脈以上のまさに世界一の標高差の急崖《きゅうがい》である。大変大げさな表現だが、マクロな斜面勾配からすると、日本の諸都市はヒマラヤ山脈の８合目か９合目の急崖にへばりついているようである。日本の川はヒマラヤ以上の世界の屋根から急崖絶壁のようなまるで屏風《びょうぶ》からの落下流、ま

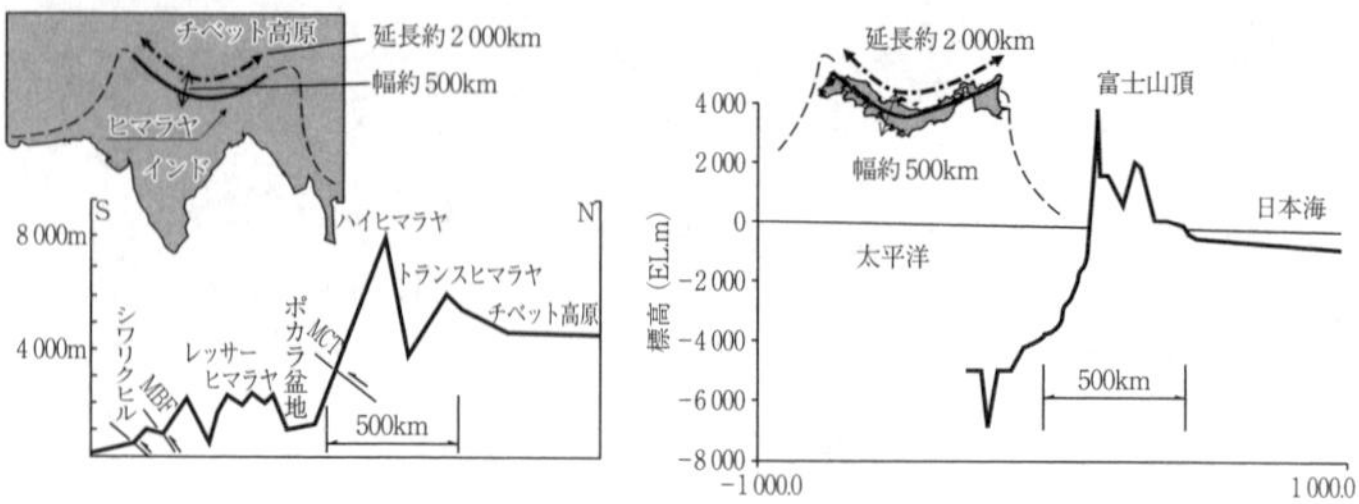

図　巨大プレートの動きの解明となった弧状の相似形

さにデレーケが言った滝そのものということになる。関東平野などは8合目の小さい踊り場程度ということになる。

日本列島は、ユーラシアプレートの下に太平洋プレートがダイナミックに沈み込む地球規模の巨大プレートの激突地である。日本は国土の約7割が急崖脊梁《せきりょう》山脈が縦走する山岳斜面の国、山地災害大国である。世界の０・１%の国土に世界の十数%の１０８の活火山があり、世界の１００倍以上の火山エネルギーが蓄積されている火山災害大国である。また、世界の１００倍以上の地震エネルギーが放出されている地震災害大国である。北西から日本海の水分を含む気流が脊梁山脈に当たり、大量の雪をもたらし、国土の半分程度は降雪地帯で積雪50cm以上の地帯に１km^2あたり１０７人が住む。この数値はカナダの50倍、ノルウェーの約10倍である。日本は豪雪災害大国である。

降雨現象では日本の年平均の降雨量は、世界の約2倍の年間約１７５０ミリの多雨国であり、かつ梅雨期があり、平均年約11の台風が来襲するほか、湿舌や前線などによる集中的に降るゲリラ的豪雨も少なくない。日降水量１３１７ミリ（徳島県那賀町海川で２００４年8月1日に記録）、時間降水量１８７ミリ（長崎県西彼杵群長与町で１９８２年7月23日に記録）という、まさに天の底が抜けたのではと思わせる記録がある、世界で例を見ない豪雨災害大国である。豪雨は洪水となり人間の住む都市や農地を襲う。

日本の全国土において、人間の住める可住面積の約4分の1が軟弱地盤である。洪水時は河川水位より低い氾濫地域が国土の約10％であり、そこに人口の約50％の人が住み、資産の約75％が集積している。その洪水から人間社会を守っているのが堤防である。毎年、日本のどこかで破堤や越水被害が起きている。１９８５（昭和60）年から１９９９（平成11）年までの15年間に２１２６カ所の破堤・越水を記録している。幸いにも水防活動が功を奏して何とか最悪の破堤を免れた事例も多い。

日本の水害被害による被害棟数は年約20万棟であり、火災によるものが5万棟、地震によるものが３９００棟と、それらと比較しても水害被害がいかに多いかわかる。その水害による人口一人あたり年平均被害額をアメリカと比較すると、日本は４・５倍だという。イギリスの女性紀行家イザベラ・バードが明治のはじめ日本を訪れたときに、「ハワイで火の恐ろしさを知った。日本では水の恐ろしさを知った」と感想を書きとめている。

日本には、２８１６水系2万９１７の河川があり、その延長は地球3周以上の12万３２３１㎞に及ぶ。日本から水害被害をなくそうとすれば、かって河川が氾濫した地域、すなわち沖積地帯すべてを河川敷にしなければならないことになる。日本は災害大国であり、自然災害とうまく付き合っていかなければならない宿命を背負っている。なかんずく水害とどのように付き合っていけばよいのか。河川・堤防・ダムといかに向き合っていくことが求められているのか考えてみよう。

写真　芋川の河道閉塞（天然ダム）。東竹沢地区（新潟県）では、地震に伴い山腹斜面が崩れたため、芋川の河道が閉塞された（国土交通省北陸地方整備局　湯沢砂防事務所ＨＰより）

天然ダムと河道閉塞

２００４（平成16）年10月23日に起こった新潟県中越地震で、芋川の「天然ダム」のニュースが大きな話題となった。「天然ダム」とは地震や豪雨などによって河川に面した斜面が崩落や地すべりを起こして流れを堰き止めたり、火山の噴火により溶岩流が流れを塞ぐことによって水が貯まる現象である。大雨が降れば決壊して土石流が発生する危険性が高い。規模は大小様々だが、高さ１００ｍを超えることもある。大正時代の北アルプス焼岳の噴火によってできた上高地の大正池のようにそのまま湖水として残り、日本を代表する景勝地となっている天然ダム湖も極めて多い。今回の中越地震の土砂崩れで山古志村と小千谷市を流れる芋川沿いを中心として翌年1月現在で52カ所の天然ダムができているという。

国土交通省は「天然ダム」という言葉にはプラスイメージがあり、被災地の惨状が伝わらないとの声があることから、今後は「河道閉塞《へいそく》」を使用すると発表し、報道機関へも協力を呼びかけた。「天然ダム」は「緑のダム」というようなまやかしではなく、学術用語である。また、「河道閉塞」という用語も河川工学の重要な用語である。

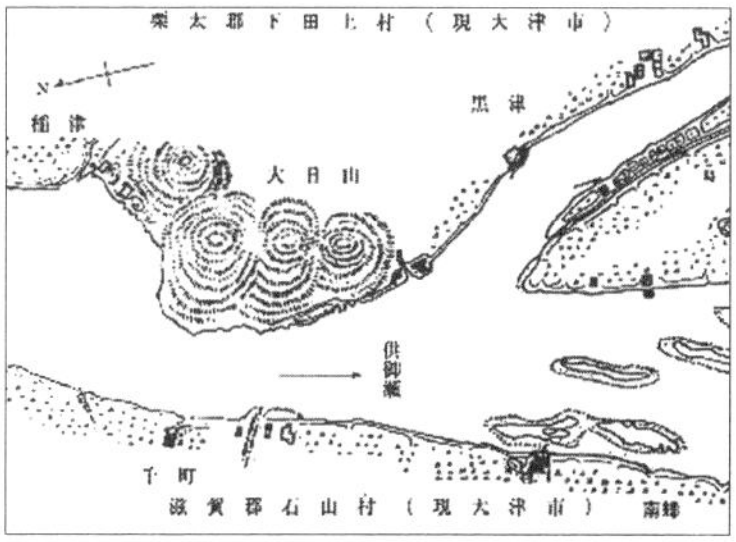

図　供御の瀬・河道閉鎖（かつての大日山付近の瀬田川）

琵琶湖の唯一の流出河川である瀬田川に大戸川が合流する地点は古来より供御瀬といい、田上山の禿山《はげやま》からの土砂が運ばれてきて、供御瀬のところで堆積し、黒津八島という中州をつくってきた。これが瀬田川の疎通能力を減じ、琵琶湖の水害を起こしてきた。このような現象は「天然ダム」とは言わず、「河道閉塞」と呼んできた。

長良川は全国2番目（109の一級河川のうちで）の人工化率（河川の延長のうち人工の護岸でできている割合）84・5％の人工河川であるにもかかわらず、「全国で唯一残された天然河川・長良川を守れ」というスローガンのもとに長良川河口堰反対運動は大きく盛り上がりを見せることとなった。

人為の加わらない「天然」とか「自然」とかという言葉が美しい守るべき状態をイメージさせることの象徴である。一方で、人類は長らく「天然痘」をはじめ「大自然」の猛威に脅《おび》え苦しみ抜いてきた。天然痘は1980（昭和55）年に世界保健機関より地球上から撲滅されたと宣言された。しかし現在、炭疽菌《たんそきん》より恐ろしい最強の細菌兵器である天然痘テロの脅威がもち上がっている。天然痘は決して過去の伝染病ではなく、テロの脅威の最悪シナリオでもある。天然という言葉に恐ろしいイメージを決して忘れてもらっては困るのである。

一方、人類の歴史は天変地変に脅えてきた歴史でもある。新潟県中越地震やインド洋の巨大津波でもわかるように、人類にとって最大の環境破壊は巨大自然災害である。天然・自然と人類との関係はムード的環境論のプラスイメージと強烈な脅威のマイナスイメージの二面性がある。このことを正しく国民に知らせることが、はるかに重要ではないだろうか。

地震に起因する天然ダム

新潟県中越地震による芋川の天然ダムは一般の人たちにとっては非常に珍しい現象と、マスコミの報道やテレビの映像から感じられたようである。国土交通省もその呼び名を河道閉塞と変更するよう呼びかけるなど、相当戸惑《とまど》っている様子が伝わってくる。

中越地震のその後の調査で、山古志村を中心とする地域で山地崩壊個所は３８００カ所、崩壊土砂量は1億m³であるという。これらも、今後豪雨があれば、天然ダムを形成する可能性を秘めている予備軍である。巨大地震による山地崩壊は、その後何十年のオーダーで土砂災害と下流河川の河床の大きな変動をもたらし、河川の形態を一変させる。その後の豪雨のたびに河川の氾濫を繰り返す元凶なのである。

今回の芋川の天然ダムと同様な地震に起因する天然ダムによる災害は、全国の河川で頻繁に起きている。日本の重要な一級河川の整備の長期目標は、２００年確率洪水を考えていることから、この２００年オーダーで天然ダムの事例を拾ってみると、善光寺地震（１８４７年）で犀川を堰き止めた２０００万m³以上の崩壊土砂による天然ダムは、上流40キロまで湛水し、貯水量約３・5億m³に達し、19日後の決壊では20ｍの段波（津波のように先端に段差を有する洪水）が下流の飯山市等下流の諸都市に大変な災害をもたらした。

１８５８（安政５）年の飛越地震により常願寺川の源流部の湯川で有名な「鳶《とび》崩れ」が生じ、下流の真川との合流点に高さ１００ｍ以上の天然ダムをつくった。これが、雪解けの増水で14日後と59日後に2回にわたって決壊し、下流常願寺川の扇状地富山平野では多くの集落が土砂で埋没する大災害をこうむり、いくつかの集落は移転を余儀なくされた。

１８９１（明治24）年の濃尾地震の7日後、板所山の崩壊により根尾川が堰き止められて天然ダムができ、水鳥村はほとんど水没してしまった。それから4年後の1895（明治28）年8月5日には坂内村ナンノ坂で推定崩壊土量153万㎥が坂内川を堰き止め、天然ダムが6日後決壊し下流で氾濫した。

1984（昭和59）年の長野県西部地震により、御岳山の伝上川の最上部で3400万㎥が崩壊し、王滝川と湯川の合流点に王滝湖と呼ばれる天然ダムをつくった事例がある。

200年以上古い事例としては、1586（天正15）年の天正地震による白川の帰雲山が2500万㎥崩壊し、帰雲城とその城下300戸を一瞬に埋没させて、高さ90m、貯水量1・5億㎥の天然ダム湖をつくり、1683（天和3）年の日光・南会津地震による五十里洪水、1707（宝永4）年の宝永地震による安倍川源流の大谷崩れなど、枚挙に暇《いとま》がない。

国土の70%が山地で傾斜地であり、世界の約0・3%の国土に約20%の巨大地震が集中し、そしてその基盤となる地質は「日本列島砂山論」と表現されるほど大変脆弱《ぜいじゃく》であり、そこに台風や梅雨などの集中豪雨を受ける日本の国土の大変過酷な宿命の象徴が天然ダムである。今回の芋川の天然ダムは、そのことを多くの国民に知らしめる絶好の機会ではないだろうか。

豪雨に起因する天然ダム

もともと天然ダムが生じる原因は素因と誘因の二つに分けて考えることができる。一つは素因、すなわち大地の性状、地質あるいは地質構造が崩壊しやすいかどうかである。そしてもう一つは誘因地震か豪雨が発生するかどうかである。素因と誘因が重なって山地崩壊が発生し、河道を埋めて天然ダムができる。新潟県中越地震による芋川の天然ダムと同様に地震に起因する天然ダムが過去に頻繁に生じてきたことを前に述べた。

天然ダムの素因は、地震による山体の緩みにさかのぼれる場合がほとんどであろう。しかし、山地崩壊が発生し、天然ダムをつくる直接的な誘因は巨大地震もさることながら、豪雨による事例もおびただしく多い。

大豪雨が直接的な誘因となって生じた天然ダムの事例として、十津川災害を決して忘れてはならない。

十津川流域では、1889（明治22）年8月19～20日台風の襲来によって総雨量1000ミリ以上の集中豪雨となった。このため、新宮川上流の奈良県十津川流域から、和歌山県の日高川、富田川流域の上流部にかけて、各所で大規模な崩壊が数多く発生し、天然ダムが形成され、それが決壊し激甚な災害を生じさせた。これが十津川災害と呼ばれる災害である。

奈良県の十津川地域での被害は、縦・横90m以上の大規模な崩壊が1146カ所、天然ダムが53カ所、死者が245人、流出家屋が364戸、全壊家屋が200戸に及んだ。また、和歌山県では富田川流域を中心に、死者1247人、流出家屋3675戸、全壊家屋1524戸と十津川流域を上回る被害が出ている。両県あわせると死者は1492人にものぼる。

災害後、奈良県十津川村の被災家族641戸、2587人が故郷を捨てて北海道に移住し、新十津川村をつくったことはあまりにも有名である。

1911（明治44）年姫川上流の稗田山が崩壊して姫川を堰き止め、高さ60m、湛水量1600万m³の天然ダム湖をつくった。上流の下里瀬集落50戸を水没させ、死者23名を出した。この天然ダムは4カ月後と1年後に決壊し、姫川河口まで大きな被害を出した。

1931～1933（昭和6～8）年の大阪府と奈良県の県境の亀の瀬で、移動土塊6000万m³の大規模な地すべりが発生し、大和川を堰き止める天然ダムが形成された。

1953（昭和28）年7月の梅雨前線豪雨により有田川の花園村を中心にして死者1046人、家屋全壊8600戸余の大災害となったが、花園村金剛寺では高さ60m、湛水量1700万m³の天然ダム湖が形成され、2カ月後の台風の豪雨で決壊して、甚大な被害が発生した。花園村北谷でも土量64万m³の土砂崩壊で一村が埋没し、天然ダムをつくった。

1997（平成9）年長野県鬼無里村の天然ダム、2000（平成12）年新潟県上川村の天然ダム、豪雨による天然ダムによって数多くの土砂災害が発生している。

天然ダムと河川計画

国家百年の計として水系一貫の河川計画の対象とする洪水はカスリーン台風、1953（昭和28）年災害など既往最大洪水であり、100年確率や200年確率の洪水である。河川は水源から河口までの水の流路であるので、河川計画とは、それらの対象洪水の流量配分計画である。しかし、河川は山地崩壊地点から河口に至る土砂の流路でもある。その土砂の供給源は流域の山地崩壊であり、その最大のものが天然ダムである。その土砂の流送過程で河床を各所で大きく変動させ、洪水氾濫の要因をつくっているのである。

筆者の言いたいことの一つ目は、山地崩壊を生起させる巨大地震の発生頻度と、河川計画の確率規模が同じ、オーダーであるということである。巨大地震のうち、その周期性などの研究が進んでいる東海地震について考えてみたい。

江戸時代から現代に至る間、計4回の南海・東海地震が生起している。それらを概括すると、①ほとんどが少なくとも2年以内に連続して発生している、②両者の規模はほぼ同じ程度である、③発生間隔は90～150年である——という三つの特性が浮かび上がってくる。一方、河川の治水計画が200年確率で立てられていれば、その間に南海・東海地震クラスの地震が1～2回生起する可能性があるということでもある。したがって、治水計画を立てるにあたって、巨大地震の発生とそれに伴う山地崩壊、天然ダムの形成、その後の決壊や河床堆積を何らかの形で想定しておく必要がある。

二つ目は、河川計画の対象洪水と大山地崩壊を生起させる大豪雨はもともと同じ降雨現象に起因し、その生起には相関があることである。山地崩壊は既往の崩壊跡が再度崩壊する場合にはいろいろ事前に想定することができるが、新規の崩壊については場所規模の予測推定などは事実上、不可能に近い。数値化が難しいのでなかなか計画論に取り込み難いだけである。

筆者がここで言いたいことは二つの宿命である。その一つは、日本の国土は山地崩壊や天然ダムによる土砂災害が非常に発生しやすい宿命を背負っているということである。河川の水源地域である山地は大地震を受けるたびに相当緩《ゆる》みが生じ、地震時あるいはその後の大豪雨時に大崩壊を起こすのである。それによる直接的な土砂災害のみでなく、その後の土砂の下流への流送経路である河川は、上流からの土砂の供給により世界でも例を見ない天井川となり、堤防はカミソリ堤防（コンクリートの塀のように厚みのない堤防で、よく切れる（破堤する）ことより、カミソリがよく切れることになぞらえて言われる）と揶揄《やゆ》されるほどである。二つ目は、破堤を繰り返す天井川の宿命を背負っているということである。土砂の下流への流送過程において河床は大きく変化する。土砂は河床勾配の変化点に堆積し、そこで河積を狭め氾濫する。上流の山地での崩壊土砂が下流へ運ばれ、河川の勾配の変化点となる盆地や平野部に出たところで氾濫し、堆積して形成されたものが扇状地地形である。

昨日の渕・今日の瀬

「脱ダム宣言」なるものが世の中を賑わしているが、「緑のダム」などダムによらない治水論を主張する人の論調には、唖然《あぜん》とすることが多い。自然現象としての洪水に対して、まるで実験水路に水を流すような感覚でいるのではと疑いたくなる。

古今集・巻18に「世の中は　何が常なる　飛鳥川　昨日の渕ぞ　今日の瀬となる」という有名な歌がある。男女の心変わりと川の流れは誠に移ろいやすいものである。また、後白河法皇は院政をひき、自分の意にならないものはない、まさに稀代《きたい》の専制君主だった。しかし、その専制君主に「朕の意のままにならぬものは、山法師と双六《すごろく》の賽《さい》の目と加茂の水」と有名な三大不如意を言わしめたほど、たびたび氾濫する賀茂川の治水には手を焼いたようだ。ダムによらない治水論を主張している河川工学の専門家と称する人は、後白河法皇より相当傲慢《ごうまん》なようだ。河川の本当の怖さを知っているのであろうか。川の流れは治水工事が進んで、川の流れは変わらないものと思っているようだ。

1982（昭和57）年8月1～2日にかけて、本州を直撃した台風10号および8月3日の低気圧による大雨（総雨量は、北巨摩郡大泉村で150ミリ、白州町日向山で368ミリ、韮崎で231ミリ）によって釜無川は大洪水となった。

甲斐駒ケ岳を中心とする白州町の山地では山崩れが多数発生し、流れ川、神宮川、尾白川も真っ白い花崗岩の巨礫や砂礫で河床が上昇した。一方、白州町北方国界橋付近の釜無川も、異常増水によって厚さ1～3mの河床の砂礫層が瞬時に運び去られ、さらに河床の岩盤が一夜にして十数m洗掘してアメリカのグランドキャニオンを彷彿させる地形をつくりあげ、ミニ・グランドキャニオンと呼ばれた。

写真　ミニ・グランドキャニオン（釜無川）
1982（昭和57）年の大洪水により出現

その規模は、全長1・5㎞、平均壁高13m、平均河道幅は30mくらいで、口野道男さん（『大自然の驚異 ミニ・グランドキャニオン』著者）の試算によると、一夜にして洗掘された土量は峡谷部で約51万㎥、除去された表層砂礫層は約18万㎥で、4トントラックで搬出するとすると34万3500台になり、これを1日に100台のダンプカーが運搬すると約9・4年ほどかかることとなる。大自然の営力に、ただただ驚愕《きょうがく》させられる。このようなドラマチックな河道の変化は到底誰も想定できなかったであろう。

重要なことは、河川の営力は人知をはるかに超えた現象を生じさせるものであるとの認識に立つことである。治水改修などを行うにも、このように自然の力は十分考慮する必要がある。超過洪水に対して破堤しても、すぐに修復できるということが堤防に求められる。すなわち、大宝律令の時代からの先人の知恵「土堤の原則」である。「越水すれども破堤せず」というまやかしの難破堤型堤防（越水しても壊れにくい堤防。フロンティア堤防ともいう）などというのは、圧倒的な河川の営力を考えれば出てくるはずがない。

火山噴火と河床変動

日本は火山大国である。地球の0・1％の国土に世界の活火山の約10％がある。すなわち、日本の国土からは、世界平均の100倍の火山エネルギーが放出されている。火山地帯は素晴らしい景勝地として、また温泉地として心身を癒《いや》してくれる場を提供してくれるプラス面がある。一方で、火山災害を受けやすいというマイナス面も甚大で、忘れてはならない。

日本における過去の火山災害の主なものを拾ってみると、雲仙岳の1792（寛政4）年の、「島原大変肥後迷惑」と称されている山崩れと津波による死者約1万5000人、1741（寛保元）年の渡島大島の火山および津波による死者2000人余り等々おびただしい。

火山災害が河床変動に及ぼす影響を考える事例としては、1783（天明3）年浅間山の噴火時の利根川を下った天明泥流がドラマチックである。利根川にはどのような影響があったのか見てみたい。

天明泥流は吾妻川や利根川沿いに死者1400人にものぼる大規模な泥流災害を引き起こした。この泥流で利根川の河床は全面的に上昇し、その結果3年後の1786（天明6）年の江戸時代最大の利根川の洪水を引き起こしたのをはじめ、以降の利根川の洪水の頻度が著しく増加したという。

写真　金島の浅間石

どれくらい土砂が利根川の河床を上げたのであろうか。浅間山の火口から70㎞離れた渋川まで、直径11m、高さ3mの「金島の浅間石」などが泥流で運ばれてきている。玉村付近でも「浅間の焼石」と称する1m近い赤石が地下から出てきて、あちこちの神社の石垣に多く利用されている。このようなことから、吾妻川の氾濫原は数mの堆積層をつくり、合流後の利根川河床も多いところでは数mくらいは堆積したのではないだろうか。浅間の天明泥流などを受け入れることにより、利根川の河川形態は一瞬にして不安定化し、その後の長い時間の経過のなかで、堆積土砂の侵食、流送、堆積過程を経て土砂収支バランスの取れた安定化した河床縦断勾配へと移行していく。

河川はまさに生き物なのである。

火山の噴火を抑止することなど人知・人力の及ぶところではない。しかし被害を減じる知恵は災害の歴史から学ぶことができる。浅間山の噴火の歴史を振り返ると、１７８３（天明３）年以降現在まで噴火のあった年は71回もある。３年に一度の割合で噴火している。１７８３年クラスの超大噴火も数百年に一度の割合で発生している。

一方、治水計画の対象としている利根川の洪水は２００年確率洪水であり、同じオーダーの生起確率の現象なのである。

河川は洪水という降雨現象の受け皿であるとともに、このような火山泥流などの天変地異の受け皿にもなる。八ツ場ダムは、かつて吾妻泥流で天然ダムが形成された位置に建設が進められている。洪水調節効果とともに、天明泥流などと同様な現象が生じた場合に泥流抑止する効果も期待できる。八ツ場ダム計画の便益にはカウントされていない大きな副次的な効果がある。

破堤の輪廻からの脱却

淀川水系流域委員会からの意見書に「切れない堤防」「破堤の輪廻からの脱却」「余裕高で流れ

る」などの文言がある。このフレーズを聞けば、誰もが「切れない堤防」で「破堤の輪廻からの脱却」ができるなら、何も大変な思いをしてダムを建設しなくてもよいと考えるだろう。

切れない堤防は、河川技術者の夢のまた夢である。これまでの河川災害の歴史を振り返ってみると、想定していた洪水をはるかに越える既往最大の洪水により、破堤の歴史を繰り返してきた。毎年、全国数十カ所というオーダーで洪水被害を繰り返している。

堤防は、軟弱な沖積層の自然堤防の上に何度も嵩上げを繰り返して構築されてきた。そのため堤防の築堤材料の性状は、いっさいわかっていないというのが実情である。そのうえ、堤防は地盤沈下や地震動、さらには自動車荷重、それに樹木の根っこやモグラの穴などにより、毎年劣化が進んでいく。河川は生き物であって、毎年河床変動をしており、天井川化が進行している。

そのような河川や堤防の現状を見るに、切れない堤防などというものは、本当にできるのであろうか。日本には２８１６水系２万９１７の河川があり、その総延長は12万３２３１㎞である。地球一周が４万77㎞なので、日本の河川の延長は、地球3周り以上ということになる。

「切れない堤防」がどのようなものであるのか、夢の中身はわからないが、地球を何周もする堤防を「切れない堤防」にするという夢の夢、幻の幻と、現実の削減され続けている河川の改修や維持管理の経費を考えると、夢幻の世界と現実の世界との乖離が、あまりにも大きいように思う。

近江の国には野洲川と草津川という二つの典型的な天井川が存在していた。野洲川は現在、か

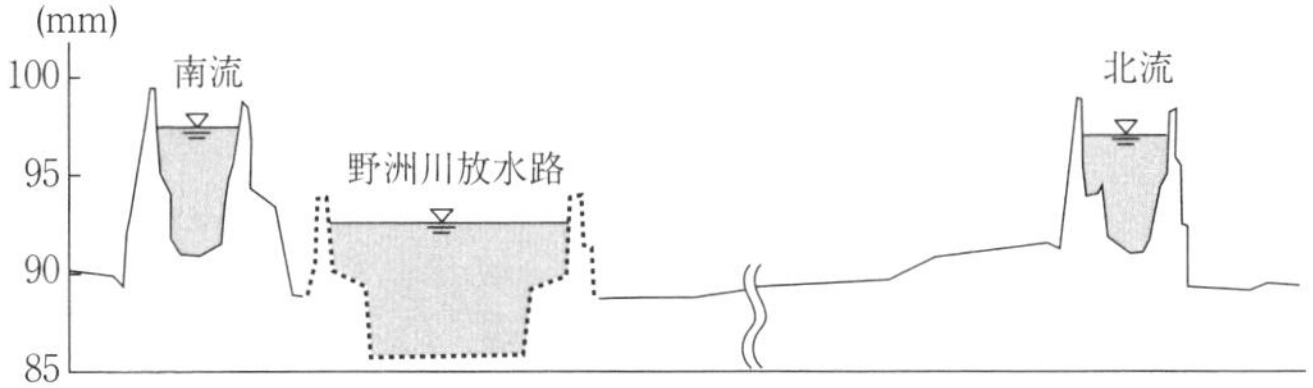

図　旧南北流と野洲川放水路の地形断面図（放水路河口より3.8km付近）
（「野洲川放水路」より）

つての北流と南流の二つの天井川が延々と続く、まさに万里の長城を彷彿《ほうふつ》させる高い土堤は切り下げられ平地化し、野洲川の水の流れは、１９７９（昭和54）年から放水路の流れに切り替えられている。天井川の堤防強化をやめて放水路建設の大英断が破堤の輪廻から脱却したのである。これまでの天井川の堤防強化の歴史は、結果として破堤の輪廻を繰り返してきたのである。

写真　天井川の下をくぐる家棟隧道

その後、野洲川放水路の工事は順調に進展し、竣工式をとげ、期成同盟会も役割を終え解散することになる。ついては最後の仕事として何を残せばよいか相談を受けた。野洲川の改修は、これまで破堤を繰り返してきた典型的な天井川を放棄して新川を新たに開削し、平地化する工事である。新川ルートはかつての河川の氾濫原であるが、先人の血のにじむ労苦の結果、近江一の穀倉地帯となった。破堤の輪廻から脱却を図り、水害の悲惨さからの解放への思いがある一方、先祖が残してくれた美田を、それも旧南北流よりも広い用地を提供しなければならない。野洲川放水路工事は地元の人々にとって、苦渋の選択でもあった。

破堤を繰り返してきたことを忘れて欲しくない。また放水路建設にかけた先人の苦労を忘れて欲しくない。そこで何を残すべきかを考えた。一つは忘れて欲しくない破堤個所などの場所を地図に記し、『野洲の扇　八十八ヶ所めぐり』のルートマップをつくった。もう一つは、この野洲川の破堤の輪廻からの脱却の歴史を小説にすれば、感動が伝わるのではないかと考えた。たまたま作家で風土工学デザイン研究所理事長田村喜子先生にお願いしたところ、心よく引き受けていただいた。幸いにも多くの関係者から取材の協力も得られ、感動の小説『野洲川物語』が予定どおり発刊された。野洲川改修期成同盟会の前会長であった野洲町の宇野勝元町長はよく「これまで少しの雨が降れば心配で枕を高くして眠れなかった。野洲川放水路はまさに〝破堤の輪廻からの脱却〟である」と言っておられた。

軍拡競争に伴う核開発の熾烈《しれつ》な競争からは平和はやってこない。核開発放棄により、真の平和がやってくる。どこか似ている。「破堤の輪廻からの脱却」も「軍拡競争からの脱却」も、ともに大変な犠牲と、国家百年の計を見据えた大英断が必要なのである。国家百年の計に粛々と進めなければならないダムなどが根幹の治水事業を否定して、堤防強化のみで「破堤の輪廻からの脱却」というようなキャッチフレーズは、あまりにも河川のことを知らない者が言うことではなか

表　破堤の三つの要因、ダムと堤防比較

		アースダム 土堰堤（点の治水）	河川堤防 （線の治水）
越　流 （オーバートッピング）		〔安全弁の設計〕 ・既往最大のさらに1.2倍の洪水量に対する洪水吐きフューズの設計	〔安全弁の設計〕 ・江戸時代の尾張側の堤防（お囲い堤） ・三面張りの越流堤
浸　透 （パイピング）	基礎	・通常、洪積層より古い地層 ・基礎処理グラウチング	・通常、沖積氾濫原 ・特殊な場合鋼矢坂
	堤体	・遮水工（心壁・コア）の設計 ・徹底的な施工管理	・定規断面の設計 ・特殊な場合以外は十分な施工管理ができない
洗　掘 （エロージョン）		・リップラップの設計	・護岸工の設計

ろうか。

越水すれども破堤せずの幻

土を築堤材料としてつくるアースダム（土堰堤）と河川堤防とどこが違うのであろうか。アースダム（均一に台形状に盛土を行ってつくるダム。土堰堤とも呼ばれる）はダムサイトの「点」の治水施設である。河川堤防は河川の流路に沿った「線」の治水施設である。

アースダムも河川堤防も破堤のメカニズムは同じで三つの要因がある。一つ目は越流破壊すなわちオーバートッピングである。二つ目は浸透破壊すなわちパイピングである。三つ目は洗掘破壊すなわちエロージョンである。越流破壊とは、堰体が越流によって決壊することである。堰体が土でできている以上、越流すれば決壊するのは自明の理である。子供のころ砂場で水遊びの経験があれば、水が溢れれば一瞬に壊れることはよく知っているはずである。堤防高以上の洪水がくれば越流し破堤する。越流しても破壊しない堤防とは、スーパー堤防（堤防付近の土地を広い範囲にわたって堤防高と同じ高さまで盛土する方法）か洪水時に一時的に遊水地に導く越流部につくられる、部分構造としての三面張りの越流堤しかない。アースダムは古来より土堰堤と呼ばれ、数多くの農業用溜池がつくられてきた。そして日本では多くのアースダムが決壊してきた。その3分の1は越流による決壊である。越流して決壊しなかったアースダムはない。

このような歴史的経験を踏まえ、「河川管理施設等構造令」で、想定できる最大規模の洪水流量（設計洪水流量）を対象とする洪水吐きの設置が義務づけられたのである。コンクリートダム（主にコンクリートを主要材料として形成するダム。アーチ式コンクリートダム、重力式コンクリートダム、アーチ重力式コンクリートダム、中空重力式コンクリートダム、バットレスダムなどがある）の設計洪水流量は、①ダム地点において超過確率200年につき1回の割合で発生するものと予想される洪水の流量、②ダム地点の既往最大洪水の流量、③ダム地点の流域と水象もしくは気象が類似する流域のそれぞれで発生した既往最大洪水の水象、もしくは気象の観測資料よりダム地点に発生すると客観的に認められる洪水の流量、のうちいずれか最大の流量を採用することとしている。

フィルダム（天然の土砂や岩石を盛り立ててつくったダム、均一型フィルダム、ゾーン型フィルダム、表面遮水壁型フィルダムなどがある。アースダムを含む）にあっては、コンクリートダムのダム設計洪水流量の1・2倍の流量をもって、フィルダムの設計洪水流量としている。これは、フィルダムの堤体から万一越流すれば、堤体の破壊に結びつく可能性が大きいからである。洪水吐きとは、堤体本体が越流破壊しないようにするヒューズ（安全弁）の役目である。ダムは「点」の治水であるため、このような万全な対策が可能なのである。「線」の治水である河川堤防についても越流すれば破堤するので、多くの先人達が知恵を結集してきた。その一つが、尾張の国を守るためのお囲い堤（江戸時代に尾張藩領主の土地への浸水を防ぐため、現在の愛知県犬山市から弥富市付近までの木曽川沿いにつくられた堤防）と呼ばれた堤防である。お囲い堤は破堤しない堤防である。

なぜなら、アースダムの洪水吐きと同じように、大洪水に対し、ヒューズの役目として対岸の美濃側の堤防の高さを3尺低くしたのである。古くから堤防というものはどこが切れてもおかしくない。洪水時に対岸の堤防が切れるのを見れば、こちらの堤防は安全になるので堤防の天端で「万歳」した。また、上流で氾濫すれば下流では氾濫が免れるのである。他人の不幸はこちらの幸せなのである。線の治水であるがために、他のいずれかの場所に越流部を設置するというヒューズをつくる以外に、当該箇所の絶対安全は保障されないのである。しかし現在では、対岸を意図的に低くするようなことは社会的に認められはしないのである。

「切れない堤防」の「幻」

最近、多様な住民からの要望に応えるべく河川管理施設もいろんな施設がつくられるようになってきた。河川管理施設の根幹は堤防である。堤防も一見してこれが堤防かというものも出てきた。三面張りのパラペットウォール（堤防の上部を垂直の鉄筋コンクリートづくりの一枚壁にしたもののこと。胸壁）、多自然護岸（河川本来の姿を残したまま環境保護と治水の役割を同時に達成できる護岸）、スーパー堤防など、実に多様になってきた。従来の堤防の概念からおおよそ考えられないような堤防も現れてきた。堤防とはいったい何なのかを考えさせられる。若い河川管理従事者に聞けば、「土堤の原則」というものが存在することをご存じない人もいる。あまりにも例外的で特殊な事例が多くなってきて、最もオーソドックスな「土堤の原則」などというようなものは、遠の昔に忘れてしまったかのようだ。

山地の侵食区域では堤防は必要としない。中下流部において、住民の社会経済活動を守るためにつくられる堤防の築堤材料は、現地の土でつくりなさいというのが日本の河川工学の基本であり、このことは忘れてはならない哲学であるので「土堤の原則」と言っている。「土堤の原則」とは、河川に対する基本的認識であり、堤防の哲学である。

どういうことか。堤防というものは、①切れることが前提としてできている、②堤防は大自然がつくる自然堤防を補強しながらつくってきてきたもので、現在の堤防は自然現象と人為的行為の共同構造物なのである、③堤防はその地その地の材料を使い、また緊急時に火急に修復しなければならないとすれば、築堤材料は土しか考えられない、④堤防が築堤される基礎となる大地は、かつての氾濫原野であり、それと力学的挙動がなじむ材料としては、その氾濫原野の土しか考えられない、といった考えである。基礎地盤の上に一見頑丈そうなコンクリートの構造物は異物でしかない。

時代が変わり、多様な社会の要請に応えるべく、いろいろな堤防形式を考えなければならないときこそ、なぜ古来より河川堤防の哲学として「土堤の原則」があったのかという原点に戻って考えてもらいたい。

堤防とは、切れることが前提としてできていると言えば、けげんな顔をされる。堤防の破堤するメカニズムには三つの要因がある。

①　堤防は土堤であるから越流すれば破堤する。越流とは堤防高以上の洪水がくれば破堤するという自明の理である。越流しても破堤しない堤防とは、洪水時に一時的に遊水地に導く越流部につくられる部分構造としての越流堤やスーパー堤防しかない。

②　浸透による破堤がある。計画高水位以下でも破堤するということである。つまり、堤防というものは警戒水位以上になったらどこが切れてもおかしくはない。警戒水位以上は水防活動することにより破堤を防ぐということが前提である。しからば、完成堤防区間は計画高水

位までは切れないものと思っているようだ。完成堤防は切れてほしくないという思いで設計されていることは確かである。しかし、日本の洪水はピークが立っていて極めて短期間である。したがって、浸潤線が裏の法面まで達しないまでに洪水の水位が低下するので、切れずにすんでいるだけである。洪水の継続時間が長ければ裏法面（堤防の住宅側、堤内地側の斜面部）まで間違いなく浸潤線が進む。裏法面に浸潤線が達するということは湧水点からパイピング破壊が始まったということである。

③ 洗掘による破堤とは、洪水の勢いのある水流が土でできた弱い堤体に沿って流れれば表法面が洗掘され、いずれ洗掘から法面の崩落破堤となる。このことから堤防法面を守るため、コンクリートなどで護岸が施されている。土の表面を少し侵食されにくいようにカバーしている。体にこう薬を張っているようなものである。

しからば「切れない堤防」は幻か！。河川技術者は切れない堤防を希求してきた。その一つがフィルダムの「はがね」とカットオフ構造（堰堤の基礎の浸透破壊に対する対策として浸透経路を確保するために設置される基礎根入れ構造物）である。「はがね」とカットオフ構造は浸透水を遮水し、浸透破壊を食い止める。洗掘に対しては巨岩によるリップラップ（フィルダムやアースダムの斜面表面を保護するための構造物）である。しかし、フィルダムは越流に対しては既往最大にさらに2割の余裕をみた洪水吐きで対応している。

普通の堤防の構造として越流に対して切れない堤防を希求すればコンクリートダムの形式にな

らざるを得ない。ということは堤防異物論と矛盾する。「切れない堤防」などは「幻」でしかない。堤防は切れる宿命を背負っている。

水防活動の知恵

堤防や土堰堤といった河川構造物の浸透破壊には、大別して堤体本体からの浸透破壊と、堤体基礎地盤からの浸透破壊がある。

「点」の治水である土堰堤では、堤体からの浸透破壊に対してコア材による遮水ゾーン・心壁の設計を行うとともに、それを浸透してきた漏水に対してはフィルターゾーンの設計などで万全な対策が講じられている。堤体基礎地盤からの浸透破壊に対しては徹底的に地質調査をし、それを踏まえて、グラウチングにより遮水性の目標値に達するまで、地盤にセメントミルクが充填されている。

一方、「線」の治水の堤防は一定水位以上になると、堤防のどこから浸透してくるかわからなく、どこが切れてもおかしくない状態になる。実際警戒水位以上になると、水防活動が開始される。洪水のピークは比較的短期間であるので、浸潤線が裏法面に達する以前に河川の水位が低下し、結果的に破堤せずにすんでいる場合が少なくない。長時間洪水位が続けば浸潤線が時間の経過とともに上昇するので、浸透破壊の危険性は増大する。浸潤線が裏法面に達したところから局所的なパイピング現象が始まる。順次、堤体内部へパイピング現象が進行して、ついには破堤に至る。この川裏の漏水に対しては、堰き上げて浸透水の圧力を弱める「月の輪工法」（堤防の裏法面の漏水箇所に月の輪状（半月状）に土のうを積むことにより、浸透水の勾配を緩和し、浸透破壊（パイピング）を防止する水防工法）が水防工法として非常に有効である。

堤防の基礎については、もともと氾濫原のところに形成されたものであり、千変万化なので浸透経路はなかなか特定できない。しかし、堤内地に噴砂現象が生じたら、基礎地盤内にパイピング現象が始まっているので、矢板などいろいろな対策が可能なのであるが、そのような現象もなくて、事前に地質調査などにより基礎の水道《みずみち》を特定することは、堤防の中の蟻の穴を見つけるようなもので実質的に不可能である。

堤防の浸透破壊の防止対策を事前に全川的に実施することは、財政事情からおおよそ考えられないことであり、また、現実の技術論からも考えても不可能なことではなかろうか。

洗掘破壊とは何か。土でできた堤防に沿って洪水が流れれば、水の勢いで表法面は洗掘され、いずれ面の崩壊に至る。アースダムの洗掘破壊に対しては、リップラップやコンクリート護岸などの表面遮水工を実施してきている。

堤防補強の設計思想とは所詮《しょせん》「点」の治水であるアースダムの設計を、「線」の治水の河川堤防に取り入れることにすぎない。「点」の治水のダムを環境破壊として否定しながら、結局は「線」

の治水の河川堤防にまでダムの設計を採用していこうとしている。日本、いや世界の数多くのアースダムの越流決壊事故の事例を鑑《かんが》みれば、越水すれども破堤しない堤防、すなわち難破堤堤防を目指すとは、あまりにも非常識であり、大自然の力を知らない机上の空論である。「点」の治水のアースダムの設計思想は、越水すれば破堤を免れないことから、ヒューズの役目を取り入れたという設計理念が根幹にある。理念をもたず、その部分のみまねて取り入れたところで、それはまやかし以外の何ものでもない。

写真　足羽川洪水。洪水流・流木が橋梁にかかる（2004 年７月）

設計における余裕の重要性

河川工学の専門家ということで新潟大学の大熊孝名誉教授が雑誌『世界』に『脱ダムを阻む「基本高水」――さまよい続ける日本の治水計画』と題する文章を書いている。氏の説をまず引用する。

「越流しても破堤しない堤防ができたなら、洪水を余裕高にくい込んで流すことも可能である。そうすれば、ダム群で調節予定の流量分ぐらいは、現在の堤防高さで流すことが可能なのである。信濃川の場合、余裕高は2mである。仮に、堤防が強化されたとして、余裕高までくい込んでダム群調節分毎秒2500㎥流すとしたら、今の計画高水位より60～70㎝ぐらい水位が上昇するだけである。おそらく堤防天端まで流すとしたら、毎秒2万㎥に達する流量を流すことも可能であろう。要は堤防を強化し余裕高まで洪水を流せば、現在計画している基本高水流量よりかなり大きな洪水まで対応でき、日本のほとんどの川の治水計画は完結するのである」

「越水すれども破堤せず」ということは幻想であることは前に述べた。ここでは、氏の言う「余裕高」についての誤りを正したい。

土木工学の分野でも、地すべりの安全率やダムの安全率、さらには鉄筋の設計強度など、設計にあたってこの余裕の概念が基本となっている。

洪水とその器としての河川は、不確実性の集合としての自然現象であり、大自然の営力そのものなのであって、人間がつくる実験水路ではない。洪水のたびに河床は変動し、水位と流量の関係も変わる。素人は洪水とは「水が流れるもの」と考えがちだが、洪水時には下層では土砂や転石も一緒に流れ、上層ではおびただしい流木などが水とともに流れる。

中小河川の破堤の原因の多くは、橋梁が流木によって閉塞することにより発生している。堤防の余裕高とは、土でできている堤防が越流に弱いという宿命を考慮して、計画流量に対して洪水時の風浪やうねり、跳水などによる一時的、局所的な水位上昇、さらに洪水時の巡視や水防活動を実施する際の安全性の確保や、流木などの流下物への対応など様々な要素を含んだ構造上の諸元であり、その役割・目的からして余裕高は堤防の計画高には含まれるべきものであるが、流下能力に取り込める類のものでは決してない。

堤防という即地的、物理的な存在とその堤防に求められる機能との橋渡し的役割が余裕高なのである。現在設定されている余裕高は、長年の河川管理の経験を踏まえ、総合的かつ高度な技術的判断として定められている。

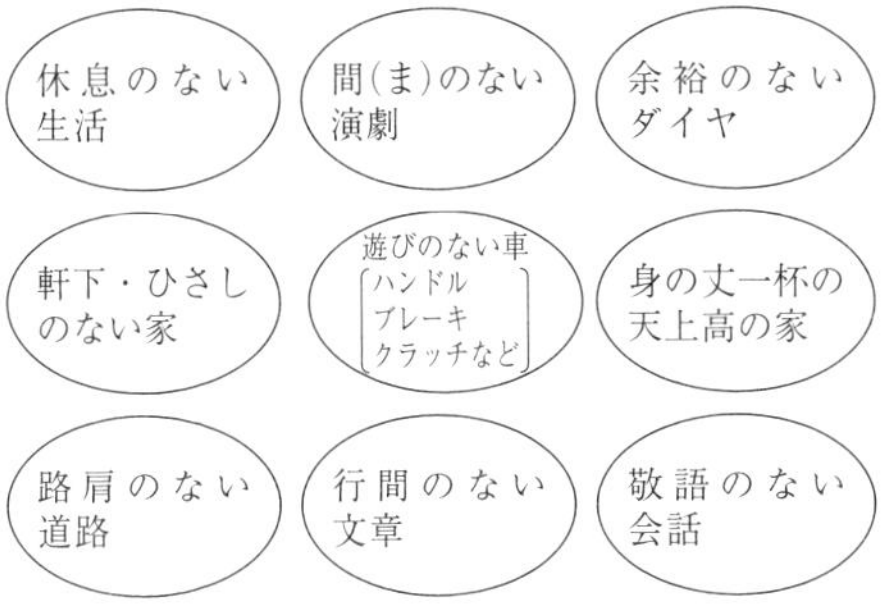

図　余裕のない社会

道路の路側帯・ブレーキの遊び

越水しても破堤しない堤防ができれば、堤防の余裕高のところも洪水を流す断面としてカウントでき、ダムを建設しなくても基本高水を流すことができる、という説を唱える河川工学を専門とする大学の先生がいるという。呆《あき》れた人がいるものだ。設計における余裕高の重要性を、素人の方にも素直に直感的に理解していただくには何に例えればわかりやすいのか、あまりにも初歩的な話なので妙案はないが、道路の路側帯（路肩）か車のブレーキやクラッチの「遊び」の設計ならどうだろうか。

高架高速道路の側壁で、衝突しても絶対に壊れないものができたならば、車の性能がよくなってパンクなどの故障をなくすことができたならば、また運転者のマナーが向上し違反をする車がなくなれば、余裕としてあった路肩をとる必要性がない。走行車線のみの幅員があればよいといっているようなものである。路肩の幅を有効活用すれば走行車線がもう一車線できる。

片側一車線の高架部の高速道路ならば、絶対壊れない側壁などができるなら路肩の幅員は必要なくなるので、走行車線に回すことで高架部を拡幅することなく一車線を二車線にすることができ、二倍以上の交通量を処理できる。夢のような話である。

道路の設計で非常に重要なものに、路肩の設計がある。いかなる道路でも走行車線と路肩が設計されている。路肩がなければ安心して走れない。路肩は故障時などの非常時の駐車帯であり、道路維持管理の通路等々、非常に重要な役割があるのである。

路肩より、毎日運転している者にとっては、クラッチやブレーキの遊びの設計の例のほうがわかりやすいかもしれない。

車の設計で重要なものに「遊び量」の設計がある。車のクラッチでは「遊び量」が取り入れられて設計されている。「遊び量」が多いとクラッチが切れない状態になり危険である。反対に「遊び量」が少ないと半クラッチ状態になり、クラッチ板の摩耗が激しくなる。「遊び量」がなければ、人間の操作でクラッチのスムーズなオン・オフができないのである。同じようにブレーキの「遊び量」が設計されている。「遊び量」が多いとブレーキの効きが悪くなる。「遊び量」が少ないとブレーキの引きずり現象が発生し、馬力のロスが生じる。また、摩擦板の摩耗が激しい。「遊び量」がなければ、ブレーキに足を触れただけで急にブレーキがかかり、ギクシャクしてとうてい乗っておれない。

「遊び量」は、長年の設計のプロの経験と研究で生み出された知恵の結晶である。

クラッチとか、ブレーキという部品の組合せによる物理的機能と、クラッチのオン・オフ、ブレーキの制動という人間の操作との橋渡し的役割を担っているのが、「遊び量」の設計である。クラッチやブレーキの「遊び量」は、オン・オフのいずれかの二つの状態と類似のものとして設計される類のものではない。

余裕高についての論は、何が何でもダムをつくりたくない者、「脱ダム論者」が考えたあまりにもお粗末な理論であり、中国の史記に出てくる「曲学阿世の徒」そのものではないか。「曲学阿世の徒」とは、真理を曲げた不正の学問（曲学）をもって権力者や世俗（マスコミ）におもねり、人気を得ようとする徒のことである。

堤防・充填強化策の愚か

堤防の水道《みずみち》となる亀裂に対して、セメントミルクを充填するグラウチングにより、堤防を強化ができると考えている学者がいるようだ。何も知らない者はとんでもないことを言い出すものである。大宝律令以来の先人の知恵である「土堤の原則」がある。そのこころは、決壊すれば5日以内に締め切らないと、次の洪水が引き続き発生した場合に、間に合わない。緊急に修復しなければならず、それが可能な堤防構造でなければならない、というのが堤防の基本哲学である。人海戦術で締め切るのは昔のことであるが、現在でも人間が大型ダンプトラックとブルドーザに変わっただけで、その作業内容はまったく同じである。決壊箇所を締め切る工法は、決壊口に大量の土砂を一気に投入して短時間で決壊幅を狭めていくという、実に原始的ともいえるものである。人海戦術で河川を締め切ろうとしても、決壊幅を狭めれば流れは速度を増す。土砂の投入スピードより流出水の掃流力が勝る場合は、決壊箇所を狭めることができない。

全国に多くの人柱伝説があるが、それらは大抵人力によって締め切れないときの、最後の悲痛な神頼みなのである。決壊箇所を締め切る場合の工法は、古今東西同じである。このようなことの繰返しで堤防はつくられてきた。堤防の断面の中身は、到底品質管理などできる代物でない。堤防とは、まさに河川氾濫との壮烈な戦いの歴史の積み重ねの産物であり、堤防の物理性状は旧堤防を開削して初めてわかる。そのような堤防の中身の物理性状の調査は実に難しく、簡単ではない。仮に膨大な調査費を使って水道《みずみち》がわかり、その対策としてグラウチングなどの対策を講じても、その後何回もの震度４以上の地震で揺すられ、堤防補強部に隣接したところに新しい水道が形成されることとなる。堤防の中に硬い異物があると、地震などでその境界に水道ができやすいというのは、河川技術者の常識である。排水樋管付近で決壊した小貝川の破堤も記憶に新しい。グラウチングはこれまで、いやというほど実施してきている。

全国に何万とある農業用アースダムが地震で揺さぶられて水道ができ、グラウチングによる応急対策が実施されてきた。アースダムは「点」の治水だからそのようなことができるが、「線」の治水である堤防はそういうわけにはいかない。事前に水道を調査してグラウチングするということはあまりにも非現実的である。土砂でできている堤防は、地震で揺すられると新たに水道ができるが、土砂だけであれば自然自己復元力により水道を塞いでいく。しかし、グラウチングされた堤体は剛と軟の入り混じった脆いものとなり、地震を受けるたびに余計に亀裂が発生する。

「天網恢恢疎にして漏らさず」という中国の名言がある。これは天が悪人を捕らえるために張る網は、恢恢《かいかい》として広大で網の目も大きいが、悪人を捕り逃がすことはないという意味で使われる。堤防の水道も自然の摂理は必ず見つけ出しそこから漏水してパイピングで決壊することとなる。さらに最もよくないことは「土堤の原則」から外ずれて、より修復がしにくくなるということである。

頼りありそうで頼りなきもの

日本の都市は、堤防で洪水から守られている。堤防が切れれば都市の中心部が洪水に見舞われる。堤防は都市の安全を守ってくれる頼りになる存在のように見える。

確かに、堤防の天端に立つと表、裏の法面とも緩く、堤防敷き幅は堤防高の4倍以上もあり、普段は非常に存在感があり、大きく頑丈そうでいざというとき頼りになりそうに見える。しかし、ひとたび洪水時に警戒水位を超える水位にでもなると、広い河川敷一杯に濁流がとうとうと流れ、堤防の天端から直ぐ手の届きそうなところの激流を見れば、堤防はもちこたえられるだろうかと不安に襲われる。

堤防に沿うわずかなクラックを見つければ、それが従前からのものであっても背筋がゾットする。また、草に覆われた雨水で緩んだ法面に靴がのめり込み、自分が立っている堤防が何となく震えているような感触を覚えるとき、この洪水の水位がこのまま続けば決壊するのではという漠然とした不安感が、必ず決壊するという確信に満ちたものに変わる。水防団の活動はこの原体験から始まる。

堤防はどの水位まで安全なのだろうか。日本の河川の中でも、最も頑丈につくられているものの一つである利根川の堤防を例にとり考えてみよう。

利根川の堤防は1947（昭和22）年のカスリーン台風を対象洪水とし、八斗島地点で、毎秒1万6000トンを目標として整備が進められている。1998（平成10）年にカスリーン台風以来の洪水を経験した。同年8月の豪雨においては、栗橋地点で計画高水位よりも2・62m、同年9月の台風5号においては、計画高水位より1・33mも低い水位で、利根川上流管内でそれぞれ34カ所、61カ所の漏水などが生じた。計画高水位は堤防よりも2m低い水位であるので、天端より実にそれぞれ4・62m、3・33m、すなわち1、2階の建物の高さほど低い水位で、これほど多くの漏水が発生しているのである。

漏水が堤防裏の法面に現れたということは、パイピングが始まったことを意味している。この水位が続けばパイピングは拡大し、やがて堤防は決壊に至る。月の輪工法などで必死の水防活動により決壊をようやく防いだのである。

利根川上流工事事務所の広報資料によると、1998（平成10）年8月の洪水は、八斗島で毎秒2030トンということなので、何年確率の大洪水というほどの出水ではなかったようである。また、9月の八斗島で9100トンということなので、計画流量の約57％くらいである。同年8月の水防活動の報告を見ると、34カ所の漏水箇所に対し、284人にのぼる水防団の方が、8月30日9時10分の水防警報を受けて準備に着き、出動してから9月1日18時の解除までの57時間にわたる必死の水防活動で、破堤をくい止められたことが報告されている。1947（昭和22）年のカスリーン台風のとき、利根川の右岸が決壊し、東京まで洪水流が押し寄せてきたということ

「月の輪工」による利根川の堤防の漏水対策（利根川：左岸、明和町川俣地先）

「釜段工」による利根川の堤防の漏水対策（利根川：左岸、板倉町飯野地先）

写真　利根川の水防活動

を忘れてはならない。

一般の人が堤防を見るとき、連続してつくられていれば完成しており、一部低いところがあればその部分は未完成と思う。また、完成堤の区間では余裕をとって堤防から2m低い水位である計画高水位までは、安全に洪水は流れると思ってしまう。堤防は計画高水位以下でもどこが切れてもおかしくないということ、したがって、警戒水位が定められていて、それを越せば水防活動に入り、最悪の事態に至るのをようやく防止しているという事実を、よく国民に認識してもらわなくてはならない。

それにしても、都心から遠く100km近く離れた利根川の堤防の水防活動によって、都心の水害が守られているということを、東京の住民にもっともっと知らせることがマスメディアの責務である。1998（平成10）年の洪水は、住民が信頼しきっている堤防は実に頼りないものであることを再認識してもらうよい機会でなかったか。

第3章

ダムと水資源の確保

ダムの開発水量は実質的に目減り

最近の世の中の風潮として、脱ダムが進んでいるようである。その理由の一つは、水利権量から見た「水余り」にあるという。実は、水利権量として確保したつもりになっているものが、実質は相当量目減りしているのである。地球温暖化の一つの現れであろうと思われるが、水資源にも重大な気象異変の問題が着実に進んできている。四つの気象異変の問題である。

一つ目は、トータルとしての年間降雨量の少雨化が着実に進んできている。二つ目は、降雨現象の変動が大きくなってきているということである。三つ目は、季節の移り方の異変である。毎年、梅雨入りや梅雨明け宣言などで気象庁の予報官を悩ましているように、年々気象現象の時期が狂い出したように思える。四つ目は、これまで考えられなかった局地的な異常気象の多発化である。

かつて築造したAダムは開発量を、例えば毎秒10㎥だとする。これはダム計画を策定した年より古い気象データ、というより日々の流量データをもとに、10年に一度程度の少雨の年で毎秒10㎥は取水できると計画したということである。気候現象が以前と同様に推移するならば、10年に一度程度の渇水の年には毎秒10㎥取水できるが、反対にそれ以上の渇水年のときには取水できないということである。

しかし、地球温暖化の影響かどうかは学説的にはまだ定説には至っていないようだが、①トータルとしての少雨化、②降雨量の変動幅の増大、③気候時期の異変、④局地的異常気象化――が着実に進んでいるようであり、それらの影響により、ダム築造後の流況では10年に一度程度の渇水の年に毎秒10㎥の何分の１しか取水できないのである。降雨現象の変化により、ダムの開発量は実質的に相当量が目減りしてきているということなのである。

備えあれば憂いなし。今求められているのは、名目的に取水できるという空手形ではなく、実質的に取水できるということが求められている。そこで、現在いろいろな面で既存の河川の整備計画が見直されている。

日本の年降水量の経年変化を見ると、近年少雨化傾向が確実に進んできている。年降水量の経年変化のトレンドを見ると、明治30年ころは年降水量は約１６８０ミリであったものが、１９９７（平成９）年には年降水量は約１５９０ミリに片勾配で少雨化が進んできている。また、１９７３（昭和48）年の高松砂漠、１９７８（昭和53）年の福岡渇水、１９８４（昭和59）年の全国冬渇水、１９８６（昭和61）年の西日本冬渇水、１９９２（平成４）年の首都圏渇水、１９９４（平成６）年の列島渇水と記録的な渇水が頻発している。

それらのうち、１９７８年、１９７９年、１９８６年は年降水量としては最小値の記録更新である。さらに、年ごとの年降水量の変動幅も増幅してきている。このようなことより、昭和30年ころから昭和50年ころの開発当時20年間の第２位、すなわち10年に一度の渇水は、１９８５（昭和60）年から１９９８（平成10）年ころまでで評価すると、20年間の第6位、すなわち3年に一度の渇水年になってしまっている。

気候現象の少雨化傾向、変動幅の増大に伴い大幅に利水の安全度は激減している。例えば、木曽川水系の例では、昭和30年ころの開発当時、名目的に10年に一度の確率で毎秒93㎥取水できるものが、現在の少雨傾向の結果、最近の20年の気象条件において10年に一度の確率で評価すれば毎秒53㎥の実力しかないのである。

地球温暖化の影響とも考えられる少雨傾向によって、これまで開発したつもりになっていたものが、実に40％強が目減りしてしまっているのである。

建前の「水余り」と実質「水不足」

一方、毎年全国のどこかで少雨になれば、水不足で渇水騒ぎを起こしている。首都圏を例にとれば、１９８７（昭和62）年から１９９６（平成8）年の10年のうち１９８７年、１９９０（平成2）年、１９９４（平成6）年、１９９６（平成8）年の4年で合計３０２日は給水制限を余儀なくされている。すなわち2、3年に一度くらいの割で水不足に直面している。これらの事情は、首都圏以外についてもその程度の差や度合いこそ違うが、数年に一度くらいの割で渇水に直面している。水不足は島国日本の宿命なのである。

「水余り」と「水不足」という、一見相反する現象が同時にあるのが、現在のわが国の水事情である。

「水余り」とはどういうことか。もともと川の水量は洪水のときは氾濫被害が出るほど多く、降水量が少ないときは川の底のわずかな部分しか水が流れていないのが、急峻なわが島国の河川の流況である。

その大きく変動する河川の流量のなかで、取水することができる水量が水利権として与えられる取水量である。水利権の水量が、いつでも安定して取水できれば渇水「水不足」は起こらない。もともと取水量は10年に一度（河川によりさらに少ない年）程度の渇水の年の流況のときに取水できるという量である。それより少雨の気象条件の年には「水不足」になるのである。

首都圏2700万人の飲み水を支えている利根川を例にとれば、水道用水の水利権量の88％はダムで開発された水である。12％が元から川を流れている水である。また、水利権量の4分の1程度は、ダムなどの水源がまだできていなくて、河川の流量が多いときしか取水できない不安定取水と言われているものである。この不安定取水は、これからつくるダムで開発される水を待ちきれずに、先取りしているということである。

すなわち、「水余り」と言っている水量そのものが、数年に一度程度の少雨の年には安定して取水できないという水量である。「水余り」と言っている取水する権利の水量は、あくまでも水利秩序上の建前の水量ということである。気候現象が例年と同じように、ほどほどに雨が降ってくれれば、帳簿上、取水できるであろう水量ということである。

建前としての水利権量としては「水余り」であるが、実際には毎年のように渇水がやってきて、取水したい量の水が実質的には取れない「水不足」である。河川の流量は、毎年の気象条件により大きく変動する。水源としてあてこんだダムなどができて不安定取水が解消されたとしても、建前としての取水できるとされた水量が、そもそも確率的には数年に一度は取れない。すなわち水不足が生じる。

昨今の異常現象による少雨傾向により、渇水の起きる確率はさらに上昇しているのが実情である。一方、都市は節水型や水の再利用化も進み、渇水時の対応策の自由度も低下してきており、渇水時に脆弱な都市構造になってきている。

このような現状に対して今後求められているのは、節水型、再利用化などをいっそう進めることは当然として、計画以上の渇水年に対し実質的に安定取水を可能にするトータルな水備蓄が求められている。すなわち、異常渇水になればトータルの水備蓄量がものを言うのである。要は、人口一人あたりどれだけの水備蓄をしているかということになる。サンフランシスコが527㎥、ソウルが300㎥、ニューヨークが287㎥に対し、日本の首都圏は30㎥と世界の諸都市と比較しても1オーダー小さい現状にある。

すなわち、「水余り」とは建前としての水利権量であり、「水不足」は実質的に取水できないこと、言い方を変えると、利水の安全度が大幅に不足しているということである。都市が渇水に対しどんどん脆弱な構造になってきているので、ひとたび深刻な渇水になればその被害は非常に大きなものとなる。

石油備蓄と水備蓄――水を輸入する不思議な国

日本人は、水と安全はタダだと思っている世界的にも稀有な民族だと言われてきた。

確かに、日本中、人間が住んでいるところなら公園やトイレなど、どこでも水道の蛇口があり、ひねれば水質の良い衛生的にも安全でおいしい水が飲め、それも料金を取られることはない。飲食店でも、冷やされたおいしい水の料金を取られることはない。日本の水道水はどこでも水質は安全で安心して飲める。

そして水道料金も、平均すると1㎥300円程度と安価である。湯水の如く使うという表現のように、一人1日約280ℓもの高度に処理された質の高い安全な水を、水であれば水質は問わないトイレの水とか、洗車とか、庭の散水とかにまで使って豊かな生活をしている。

一方、欧米先進国といわれている国であっても、ホテルの水はたいてい飲料不適で衛生的に安全でない。飲み水はミネラルウオーターと称するペットボトルを買わなければならない。ウイズガスと称する炭酸入りのまずい水には辟易《へきえき》する。欧米の河川は、日本の河川と比較して水は濁っていて、お世辞にもきれいと言えたものでない。それを見れば、水道水の処理をしても飲料不適ということが何となく理解される。

日本は確かに、水は質量ともに豊かな国と称して間違いない。一方、日本は石油はほとんど産出しない。中東などからの輸入に頼らざるを得ない。かつて十数年前だろうか、中東から大型タンカーで石油を日本に積んできた帰りは、空荷では船体が浮くので安全航海のため、適度の喫水深を確保する必要から、重石バラスを積んで帰ったが、そのタンカーで、日本の豊かな安全で安心な水質の良い水を輸出したらよいという一石二鳥の案が出され真剣に議論された。確かに中東は砂漠の国で、石油はふんだんにあるが、水はなくて困っている。石油エネルギーを使って、海水を淡水化している。その議論は何か些細《ささい》なことで、ブレーキがかかり実現しなかったという話があったように記憶している。

それから十数年経ち、考えられないような水事情の変化が生じてきている。日本では水道水は化学物質が怖いとか、何となくまずいとかいって、水道水の代わりに、ペットボトルのミネラルウオーターと称するものをコンビニで買って飲むようになってきた。1ℓ、150円程度なので1㎥換算で15万円程度である。それも水質の世界的にも希《まれ》なほど良い日本が、水質のあまり良くない欧米から大量に輸入して飲むようになってきた。

ガソリンは1ℓ、100円程度である。ミネラルウオーターより安い。中東は石油より水は高価な国ということであったが、日本人の飲む水は石油より高い。水はタダと思っていた日本人が、世界一、水は貴重で高価だと思っている砂漠の民以上に高い水を飲んでいる。どこか変だ、何かが狂っているのではないか。

日本が世界の火薬庫中東の紛争に巻き込まれれば、エネルギーセキュリティーの観点から石油備蓄が必要であるとされ、石油備蓄基地がつくられてきた。現在、石油の備蓄量は約160日程度になったという。備えあれば憂いなしということである。

石油備蓄基地建設は、日本の安全保障のための国策でもある。玄海の白島備蓄基地の事例で見ると、備蓄容量560万㎥の建設費は1500億円だったという。立方メートル換算で約3万円程度である。一方、水備蓄基地建設は、ダム建設による利水容量の確保である。水備蓄基地の建設費はダムサイトの良しあしにより相当違ってくる。非常に高くついた事例の一つとして、水不足の渥美半島につくられた愛知用水の万場調整池の場合、1㎥あたり約5000円であったという。

一般のダムの場合はそれらより格段に安くできる。日本の水備蓄量は一人あたり首都圏では約30㎥である。各国の主要都市を見ればボストンは717㎥、サンフランシスコでは527㎥、ニューヨークでは285㎥、お隣のソウルが285㎥である。利根川上流ダム群の渇水の起こる夏季の備蓄量は、日数で換算すると約1カ月分でしかない。

利根川の利水安全度を憂う

関西育ちの筆者も首都圏での生活のほうが長くなった。首都圏では、毎年春になると谷川連峰の積雪量が問題になり、夏を迎えると利根川上流ダムの貯水量が何パーセントなので今年の夏の水は大丈夫だとか、心配だとかいうことがニュースになる。その背景を考えてみたい。

首都圏の渇水は1978（昭和53）年、1987（昭和62）年、1990（平成2）年、1994（平成6）年、1996年（平成8）年と数年に一回の割合で生じている。最大取水制限率は20～30％で上流ダム群（6～8ダム）の最低貯水率は1978（昭和53）年が16％、1987（昭和62）年が18％、1990（平成2）年が34％、1994（平成6）年が21％、1996年（平成8）年が23％であり、河川管理者を中心とする関係者の必死の渇水調整により最悪の事態を回避した。結果としてパニックに至らずにおさまっている。

利根川の利水の安全度の目標水準はおおむね5分の1、つまり5年に一度程度発生する規模の渇水に対処しようというに過ぎない。水利権行政で想定している安全度は、おおむね10分の1であるが、利根川の場合、急激な水需要の増加に対処するため、緊急避難的に利水の安全度を低くして、取水する権利（水利権）を与えた歴史的経緯がある。

このため、毎年のように取水制限や最悪の場合は給水制限を心配しなければならない。あまりにも利水の安全度が低すぎる。日本の中枢である首都圏の利水の安全度が、５分の１でよいのであろうか。現在は水利権上は水余りという。水利権量などを減量しても問題ないというならば、見直すべきである。

しかしながら、現状は近年の少雨化傾向によりダムからの供給実力が低下してきており、水利権量を所定の利水安全度で供給できない状況である。利水安全度の実態について、10年に一度程度発生する規模の渇水になれば、どの程度の渇水被害が想定されるかということや、しょっちゅう行わなければならない取水制限の実態を十分理解したうえで、現状の極めて低い利水安全度で構わないということならば、建前の水利権量の「水余り」と言っている世の中の風潮を憂いながらも世の現実として受け入れつつ、一方で長期的な気候変動を見据えて、国家百年の計を担う河川管理者の崇高な使命として、また国策として、利水の安全度向上の必要性を世の中に訴え続けなければならない。

しかし、実質的には深刻な「水不足」であるという実態に何ら変わりはない。

さらに、首都圏では緊急避難的に将来の水資源開発施設の建設を担保にして、河川の水量が豊富なときに限って、開発水量の内数で先取り的に取水できる不安定な取水が行われている。利根川、荒川、多摩川などの合計約毎秒１４５・０㎥のうち、このような不安定な取水量が約毎秒33・２㎥であり、実に約23％にあたる。埼玉県では40％、東京都では21％、千葉県では15％、群馬県では27％、茨城県では12％、栃木県では２％が、現在ダムなどの水源手当てのない不安定な取水で、河川の水量の多いときしか取水できない水量である。

水利権の表記を見直せ

水は余っている。ダムによる水資源開発はもう必要ないといわれる。

これは建前の水利権上の話であって、利水の安全度は極めて低く、頻繁に渇水調整を行い取水制限を行わなければならず、実態として水不足は深刻であることを利根川水系と木曽川水系を事例として見てきた。

これに対して、水利権量は見掛けで実力が伴っていないので、実力を評価しそれに見合うように水利権量を見直すべきだという議論が出て久しい。貨幣価値の切下げに見立てて水利権デノミ論と称してきた。

木曽川水系の岩屋ダムを例にとると、開発計画による建前の水利権量は毎秒39・56㎥であるが、10年に一度の実質の利水安全度で評価すると毎秒17・41㎥（約44％）しかない。実力は半分以下ということである。近年の最大渇水である1994（平成6）年で評価すると、毎秒7・91㎥（約20％）しかない。これだけの実力しかないのだから、水利権デノミ論が出るのは至極当然のことである。しかし一方、利水者である上水・工水の立場からすると、すでに建前の水利権量に応じて取水施設から浄化施設、末端までの給水施設など各種水利施設を整備してきている。水利権量を見直した実質水利権量しか取水できないとすると、それらの各種水利施設が一部遊休化してしまうことになる。さらに、建前の水利権とバランスしている末端の需要に応えられないこととなる。水利権量の見直しは絶対に許容できないのである。そこで建前は水余り、実質的には深刻な水不足という水資源政策として脆弱な状況がここ数十年続いている。このような実質的に深刻な水不足で、頻繁に水が利用できなくなる地域が、将来にわたって発展することは難しい。

そこで、河川管理者、利水者ともに受け入れることのできる水利権の見直し案を提案したい。それは、渇水調整や取水制限の実態にあわせた水利権量に評価するというものである。

具体的にどうするのかというと、建前の水利権量をCとすれば、Cを2種類に分割表示しようとするものである。建前の水利権量Cを、10分1の利水安全度として評価した水量をAとする。Aは全国の水利秩序にも合う安定水利権量ということである。建前の実力が伴っていない水利権量CとAとの差、$C-A=B$のBもすでに水利権として付与されている水量であるが、現実には利水安全度の低い、渇水時には取水できない不安定な水利権量となっている。従来、水利権量を一括してCとしてきたのを、近年の少雨化傾向によるダムの供給実力の低下を踏まえて、今後は安定水利権量Aと不安定水利権量Bと分けて、二段書きで水量を表記するということである。

岩屋ダムを例とすれば、従来、一括して$C=$毎秒39・56㎥としていたものを、$A=$毎秒17・41㎥と$B=$毎秒22・15㎥と分けて表記しようとするものである。この方法は、利水者にとっては

〔従来の水利権〕	〔水利権のデノミ〕
 基本の利水安全度は 10 年に一度だが実態は大幅に低下している水系が多くある 利水安全度が評価されていない	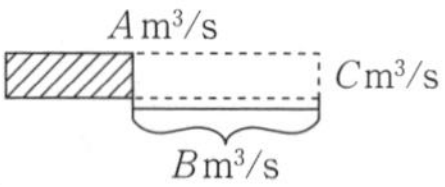 既得水利権量 Cm³/s を利水安全度を 10 年に一度に評価し直した水量 Am³/s に切り下げる。利水できる利権が Bm³/s だけ減量となる
〔水利権の二次元表記〕	〔水利権の併列表記〕
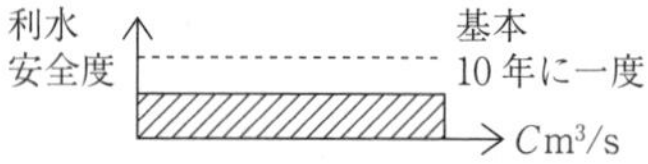 一般の多くの人に建前水余り、実質水不足が理解されない 利水安全度の低い渇水に弱い国土の宿命が続く、今後利水安全度はより低下する	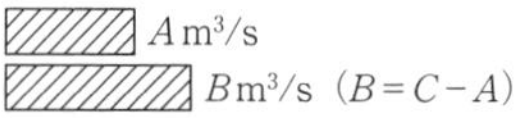 既得水利権量 Cm³/s を利水安全度 10 年に一度の安全水利権 Am³/s と、利水安全度の不足としている不安定水利権 Bm³/s と併列して表記する

図　水利権の表記

Cと表記してきたものを$A+B$と表記を変えるだけで実態は同じである。水量と安全度という別次元の二つの尺度で評価するのではなく、同じ水量と水量による表記なので、多くの人に実態は安定的に取水できる水が少ないということが、理解されるであろう。

利根川の水不足は深刻

前述のように、利水の安全度は5分の1の計画ではあるが、実際には首都圏・東京の渇水は3年に一度は発生するという状況である。海外の都市と比較してみると、ロンドンでは15年に一度、ニューヨークでは7年に一度、サンフランシスコでは11年に一度となっている。

一方、各国主要都市の人口１人あたりダム貯水量を比較してみると、ボストン７１７㎥、サンフランシスコ５２７㎥、ソウル３９２㎥、ニューヨーク２８５㎥、台北１１８㎥であるのに対し、わが国の首都圏では30㎥と極めて少ない。現在の利根川上流８ダムの夏季の貯水容量３億４０００万㎥では、過去の実績から見て、灌漑《かんがい》期に降雨がなくて河川が水枯れするような場合を想定すると、１日の放流量が１０００万㎥として、約１カ月しか持たない。

近年の少雨化傾向と降雨現象の変動幅の増大、さらには地球温暖化の影響で、利根川水系の水源である谷川連峰などの積雪量の減少が、着実に進んできていることなどを考えると、当初計画したダムの供給実力は、数割程度目減りしているのではないだろうか。

地球温暖化に関する「気候変動に関する政府間パネル」の第３次報告書（２００１（平成13）年発表）によれば、このまま地球温暖化が進むと２１００年には地球の平均気温が最大約５・８度上昇すると予測されており、利根川の水源である谷川連峰の積雪によるいわゆる雪ダムの効果は、ほとんど期待できなくなるのではないかと予想される。

首都圏の事業中の新規ダムと言えば、その代表格はなんといっても八ツ場ダムである。

１９５２（昭和27）年に地元のダム計画を発表し、予備調査を開始して以来、今年は58年目にあたる。ダム建設とは実に気が遠くなる長い月日を必要とするものである。時の首相や政権が変わるたびに八ツ場ダムの歴史は教えてくれている。

21世紀は、世界的に水戦争の世紀だといわれている。日本も仮想水（日本が海外から輸入しているものを、国内でつくった場合に必要となる水のこと）の問題、食糧自給率の問題などとも関係し、決してその外にあるわけではない。特に、首都圏の水資源問題は国家的に最も重要な課題の一つである。

このような状況を踏まえると、2000（平成12）年11月の大谷川分水（思川開発事業の一部）の中止、2002（平成14）年5月の南摩ダムの利水容量の縮小、2003（平成15）年の戸倉ダムの中止、その他川古ダム、平川ダム、栗原川ダムなどの中止などは首都圏の百年先の水資源を見据えた国家百年の計の視点から考えると、大変早計な結論ではなかったかと言わざるを得ない。

首都圏の水資源の現実の利水安全度の低さ（3分の1）と、今後のさらなる安全度の低下傾向が進んでいることを踏まえて、首都圏の重要性からすると20分の1程度の利水安全度が望まれるところであるが、まず、利水安全度を全国並みの10分の1まで上げることを検討すべきではなかったか。そのうえで、これらのダム群については現下の財政事情を勘案して、中止ではなく当面休止あるいは延期などを検討すべきではなかったかと思わざるを得ない。

木曽川水系の渇水は深刻

次に、木曽川水系を事例に考えてみたい。木曽川水系から取水している愛知用水と木曽川用水について、1973（昭和48）年から2009（平成21）年までの36年間の取水制限の記録を調べてみると、この36年で両用水ともにまったく取水制限を加えることなく取水できた年は、1975（昭和50）年、1981（昭和56）年、1985（昭和60）年、1989（平成元）年、1991（平成3）年、1998（平成10）年、2003（平成15）年、2007（平成19）年、2009（平成21）年のたった9カ年しかない。あとの27年は水不足で、取水制限を行ってしのいだ年である。そのうちの9カ年は、かなりの渇水被害が生じた年である。

9カ年の最大取水制限率を見てみる。①愛知用水で1986（昭和61）年9月から1987（昭和62）年1月までの間、上水20％、工水40％、農水40％。②愛知用水で1987年9月から1988（昭和63）年3月までの間、上水17％、工水37％、農水37％、③愛知・木曽川両用水で1994（平成6）年6月から11月までの間、上水35％、工水65％、農水65％、④木曽川用水で1995（平成7）年8月から1996（平成8）年3月までの間、上水25％、工水50％、農水50％、⑤愛知用水で2000（平成12）年7月から9月までの間、上水25％、工水50％、農水65％、⑥愛知・木曽川両用水で2001（平成13）年5月から6月までの間、上水20％、工水40％、農水

40％、また愛知用水で同年7月から10月までの間、上水17％、工水35％、農水35％、⑦愛知用水で2002（平成14）年8月から10月までの間、上水20％、工水40％、農水40％、⑧愛知用水では、同年6月から7月までの間、上水25％、工水40％、農水50％、⑨愛知用水で2005（平成17）年5月から7月までの間、上水25％、工水45％、農水50％、また木曽川用水で2005（平成17）年11月から2006（平成18）年2月までの間、上水20％、工水40％、農水40％である。

1994（平成6）年の65％を最高に8年間は40％以上の取水制限を実施している。

この間の渇水被害の深刻度合いを新聞の見出しで追いかけると、1986（昭和61）年11月21日（朝日）、「水欠乏症」工場息切れ、さび覚悟海水利用、やむなく減産。同日（毎日）、干上がった牧尾ダム、愛知用水の水源有効貯水量ゼロ。同年11月23日（中日）、ハクサイ水不足で高い、生育が遅れ品薄。同年12月16日（日本農業）、干ばつくい止めに必死、水源確保対策急ピッチ、溜池から引水、井戸掘りも開始。

1987（昭和62）年1月20日（中日）、大きかった市民協力、89日ぶり節水解除、使用量減くっきり。

1994（平成6）年7月16日（中日）、新日鉄名古屋、水不足ついに減産、トヨタなどへ影響も、冷却用水輸送検討。同日（朝日）、節水もう無理・企業も悲鳴、冷却水に海水利用、工場のふろ使用中止、リストラ中に思わぬ負担、東海以外に生産振り分け。同年8月1日（中日）、尾張西部、地下水位が急低下、少雨のうえに井戸水多用、1カ月1m、地盤沈下の恐れ。同年9

月18日（毎日）、木曽川水系で被害267億円に、渇水企業にズシリ、コンビナートも直撃。同年7月22日（中日）、あえぐ木曽川水系、発電ダムから緊急放水決定、中電・関電2000万トン用意。同年8月12日（中日）、渇水の四日市コンビナート半数以上が壊滅状態、主要33社調査、損失1日20億円にも。同年8月18日（中日）、ダム「死に水」放流も、断水生活に突入、知多半島と瀬戸、刈谷など。

2000（平成12）年8月30日（中日）、カラカラ天気農家ピンチ、愛知池干上がる。

愛知用水第五次節水、知多半島秋冬野菜の作付け直撃等々、渇水・水不足で、困り果てている状況が理解できる。しかし、世の風潮として水余りと言われている。

なぜ1994（平成6）年渇水に備えないのか

まず、水需要量とは何かを考えてみたい。自然体で水を使用した際の実績値は、その時点での水需要量と見なせるかもしれない。

しかし、その年の降水量がダムの貯水量を勘案しながら、減圧給水や時間給水などの給水制限のもとで、ようやく切り抜けた際の水使用量の実績値は、当然のことながら水需要量ではない。これは、取水の実績値であって水需要の実績値ではない。水需要量とは、水を使用したいという需要を充足する量である。減圧給水や時間給水などの給水制限を加えない場合に、どれだけ取水したであろうかということを逆算して求めなければならない。

現在の木曽川水系の取水実績とは、取水制限が加わったものであるので水需要量ではない。河川行政は、10年に一度程度の利水安全度の確保を水利権付与の条件としている。現実として、20年間に9度も、相当な取水制限を強いられている木曽川水系の利水安全度は、おおむね2年に一度である。極めて低い利水安全度である。水利権というものは、水量と安全度の2要素からなる。木曽川水系は、水秩序を取り戻さなければならない。

2004（平成16）年6月の木曽川水系水資源開発基本計画によれば、徳山ダム（2008（平成20）年完成）を含めた水利権上の供給能力・ダム計画期間における基準年の供給能力（近年の利水安全度を考慮していない）が、113・11トンあるのに対して、需要量は約68・96トンだという。近年20年のうち、2番目の渇水時の流況を基にした供給能力を評価すると、77・33トン（約32％の目減り）と大幅に低下する。

さらに、1994（平成6）年の渇水では51・42トン（約55％の目減り）だという。1994年の渇水は異常な渇水ではなく、木曽川水系の住民はどうにかしてほしいと願っているのではなかろうか。ならば、木曽川水系の今の供給能力では今後17・54トン（需要量68・96トン－実供給能力51・42トン）の水資源開発を行わなければならない。

しかしながら、この数字は現在進行している気候変動を考慮していない。気候変動を考慮するのが国家百年の計ではないか。百年先には水需要が伸びず現状と同程度としても、今後さらに進行していくであろう四つの気象異変、すなわち、①降れば「大雨」「豪雨」化が進む、②年降水量の減少化、③局地豪雨の激増化、④梅雨期、台風期などの季節の区切りが変わってしまったなど、これまでの長年の気象観測と同じ確率現象として扱えなくなってきていることを考慮すれば、供給能力は大幅にダウンすることは必然である。四つの気象異変による目減り分を約20％（これは決してオーバーな数字ではない）と仮定すれば、近年20年のうち2番目の渇水時の流況をもとにした供給能力といっている77・33トンは、61・86トンまで低下する。

中京圏はトヨタをはじめとして日本で一番元気のある地域である。現在の水資源計画では、水供給能力の不足がこの地域の発展を大きく阻害することは間違いない。ダムは、水不足になってからあわててつくれといわれてもすぐにできるものではない。

清流復活の切り札・ダム建設

かつての美しいふるさとの川の清流を復活するには、どうすればよいのだろうか。

復活とは、かつての姿を取り戻そうということである。かつての川から何が変わったかといえば、①洪水流量は別として平常時の河川の流量が減ったこと、②川が汚染されて水質が悪化していること、③護岸など人工構造物で景観が殺風景になったこと、④ゴミなどが目立つようになったこと、などが挙げられるのではなかろうか。清流復活にはこれらの四つの要因を取り除いてやる必要がある。

ここでは、四つの要因のうち水量と水質に関する解決策について考えてみる。水質悪化に関しては、点源からの汚染に対しては、排水水質規制と下水道などによる水質浄化が必要である。また、面源からの汚染に対しては、最も大きいものとして農薬散布に依存する農業の改善が必要である。農薬の散布を最小限にする工夫が求められる。

ここで私が論じたいのは、①の河川の流量が減ったことに対して、どうすればよいのかということである。

まず、平常時の河川の流量が減少した原因を考えなければならない。水道用水や工業用水、さらには農業用水を河川から取水していることにより、河川の流量が減少したのである。これに対して、一つは取水量を減らすことである。節水や循環再利用なども相当進められてきているが、限界とはいわないまでも頭打ちの感がある。これ以上取水量を減らすことは、住民一人ひとりの生活レベルを下げ、産業活動を犠牲にしなければならない。

国土交通省が清流ルネッサンス事業に向けて画期的な施策を打ち出している。これまでの縦割り行政を越えて下水道と河川事業、そして河川管理者と市町村、そして地域住民が連携して①、②に対処することにより清流を復活しようというものである。

これで大きな成果が上がった事例を見れば何がポイントかわかる。都市部の流量が少なく、水質も悪化した河川の浄化対策としては、良質の水を導水することが最も効果がある。

水質が悪化した河川の近傍に流量に比較的余裕のある河川があれば、その河川の水を水質の悪化した河川に導水したり、その河川に排水されている下水処理水を高度処理し、さらに水質が悪化した河川まで導水することもある。高度処理や導水には大変な費用がかかるが、効果は確実で絶大である。このようなことができるのは、大量の下水処理を行っている都市部で、かつ導水できる条件が整っている地域に限られる。

一方、地方都市での清流復活はどうすればよいのか。水力発電による河川水のバイパスで生じた減水区間について、河川維持用水を発電事業者との協議のもとに確保し、清流復活に成功した事例がある。これも、過去に水力発電によって過度に河川水のバイパスをしている河川に限定される。

しからば、前記のような事例以外の清流の復活はどうすればよいか。どこかで水を生み出さなければならない。すなわち、洪水時の水を一時的に貯留して、平常時に河川に戻してやることである。清流復活には、ダムによる河川維持用水の補給が切り札である。

1994（平成6）年全国渇水と回顧

イギリス民話に、有名な『三匹の子豚とオオカミ』の物語がある。

瀬戸内海のほぼ中央の愛媛県と広島県の間の島々が芸予諸島で、人が住んでいる島だけで42ある。この島々と瀬戸内海を取り巻く諸都市で起きた、1994（平成6）年の東北地方から九州地方を襲った列島渇水の際のパニックは、まさに『三匹の子豚とオオカミ』の物語そのものである。瀬戸内の諸都市のうち、代表として岡山県倉敷市を見てみる。

倉敷市は、高梁川の豊富な水に恵まれている都市である。1939（昭和14）年の水不足などの経験はあるものの、建前の水確保でそれ以上の渇水の心配もすることもなく、日本を代表する水島コンビナートが形成され、産業発展を謳歌《おうか》していた。しかし、1994（平成6）年の列島渇水では、1日16時間断水で、水島製鉄所は東南アジアからタンカーにより緊急に水を輸入しなければならなかった。水輸入単価は1トンあたり2000円から3000円もかかった。それでも一部操業中止に追い込まれて大打撃を被った。水を輸入した倉敷市の水島コンビナートは、さしずめ三匹の子豚のうち、藁《わら》の家をつくった兄の子豚とみなせる。

弓削島の弓削町と岩城島の岩城村は、地下水を利用した簡易水道、生名島の生名村は井戸をそれぞれ使っていた。この3町村は他の島々と同様に慢性的な水不足に困っていた。1989（平成元）年より広島県の椋梨ダムから海底導水管で、「隣県からの友愛の水」ということで1トン、約80円、海水の淡水化に比べれば安いということで水を分けてもらっていた。しかし、1994（平成6）年の渇水時には、椋梨ダムの水位低下で7月20日から9月9日まで松山市と同様に4～5時間くらいしか水が出ない日が続いた。自ら苦労して確保した水がめではない。他県のお恵みによるものは、いざというときに後回しの憂き目を見なければならない。これらの三つの島の町村は三匹の子豚のうち、木の家をつくった真ん中の子豚とみなせる。

大三島の大三島町と上浦町の2町、伯方島の伯方町、大島の宮窪町の本州四国連絡橋で結ばれている3島4町は、瀬戸内の島の宿命、水不足を克服するために大三島に台ダムを建設しようと結束した。「いつくるかわからないのに、巨額の資金を投じるのはもったいない」などの非難や反対の意見の町民も多くいたなか、「ダムは平時だけでなく、20～30年に一度の大ピンチに備えるもの」「いずれその時がくればわかってもらえる」と確信し、幾多の障壁を乗り越えてダム建設にこぎつけた。

1994（平成6）年の渇水で他の島が水不足で大変な状況のなか、3島4町は台ダムによって渇水にならずにすんだ。同年8月末の渇水パニックのピークのときでも、台ダムの貯水量は51・4％でまだまだ余裕があった。大三島町の菅町長は「おたくの町はいいですね。よそが水不足のなかで水の心配することがなくて」と周辺町村長からうらやましがられた。菅町長は「ダム建設の意味がようやくわかってもらえた」「こんなに早く現実のものになるとは思わなかった」、また「先見の明があった」と言ってほしかった、と述懐しておられた。これらの4町はさしずめ三匹の子豚のうち、レンガの家をつくった一番下の子豚ということになる。

1994(平成6)年渇水の主要都市の給水制限日数を見ると、高松市で67日、福山市で290日、福岡市で295日、松山市で123日などである。日本列島のどの都市で起こってもおかしくないような広域的な渇水である。この三匹の子豚と称した水不足でパニックになったところはすべて、建前としての水利権量を確保しており、理屈上は水は余っているということになる。

現在、水需要量の推計には水使用実績のトレンドを用いているようである。使用したくても断水したり制限給水したりで、使用したくても使用できないものがなぜ需要量なのだろうか。まことに不思議な統計量である。

それにしても、渇水騒ぎを列島のどこかで毎年繰り返している。首都圏の人々は、夏を迎えて利根川上流ダム群の貯水量は大丈夫か毎年ヒヤヒヤさせられている。阪神圏では琵琶湖の水位が高いか低いかでヒヤヒヤしている。利水の安全度は間違いなく低下している。現状では、取れない安全度の低い建前の数字で、水は余っていると言い、ダムは無用だと結論づけるのであろうか。実に奇妙奇天烈《きてれつ》な論理である。

プロの先見・アマの後追い

大政奉還が行われ、東京遷都とともに御所も京都から東京へ移されることとなった。京の町は一挙に、灯が消えたようにさびしくなり、賑《にぎ》わいがなくなることが憂慮され、京の将来のために何かを残そうということになった。それが田辺朔朗の「琵琶湖疏水」である。京の町は、当時差し迫って水に困っていたわけではない。田辺朔朗の先見の明により将来の水を確保したものであり、その後、京の町は水で困ることはなくなった。京の町の今日の繁栄の礎を築いたのである。

もし、琵琶湖疏水が当時つくられずに、その後水不足になってから、琵琶湖疏水と同じものを計画したとすると、果たして実現できたであろうか。もし実現したとしても何十倍どころか何百、何千倍の事業費と困難が伴ったのではないかと想像される。

戦前、日本統治下の台湾の嘉南平野に東洋一といわれた農業用ロックフィルダム、烏山頭水庫珊瑚潭を建設した金沢市出身のダム技術者・八田與一は、広い嘉南の地を開いた神様として現地の多くの農民から敬慕されており、ダム湖畔の高台に八田與一が作業服で考え込む庶民的な姿の座像が建立されている。戦後、日本の銅像が次々と取り壊されるなか、地域の多くの人たちが必死に守り続けたという。八田與一の先見の明でつくられたダムが地域の発展の要となった証左で

烏山頭ダム（烏山頭水庫）

八田與一の銅像と墓

写真　台湾・烏山頭ダム珊瑚潭（烏山頭水庫）

ある。

ダムによる水資源開発は、河川の流量が少ないときにダムで貯留した水で補給することにより、平常時一定の水量が取水できるようにするものである。したがって、後発のダムによる水資源開発になればなるだけ、先発のダムの後の河川流況に対して補給することが求められているため、同じ毎秒1㎥の水を新規に開発するのに多くのダム容量が必要になってくる。

ダムの有り難さがわかる人はダム建設に賛成し、わからない人が反対する。地元が賛成し、他の地域の人が反対する。行政の責任をとらなければならない立場の人はダム建設を推進し、責任をとらない人がダム建設に反対する。

河川行政のプロは国家百年の計の視点で先を見る。アマはその時々のことしか考えない。当面のことだけで、先のことを考える知恵が理解できないのである。だからこそ、河川行政のプロを加えた流域委員会とし、大局的な方向は流域住民の意見を反映させつつ、専門的、技術的面では河川行政のプロの判断も尊重される必要がある。

土木は将の将たる実学である。トータルとしてのエンジニアリング・ジャッジメントを行う実学である。将は全面的に責任をとらなければならない。

治水事業は国家百年の計で実施するものである。安全で安心な国土の根幹となる河川を治める思想は不易《ふえき》である。世の中のはやりの改革のように、ころころと変わる追随の思想ではない。先人の知恵と汗で獲得した国土保全の価値を評価しようとしない、情緒的な「緑のダム」とか「ダムによらない治水」や「越水すれども破堤せず」といった一見耳触りの良い、中身のない言葉の流行を追う人には理解ができないのかもしれない。国土保全の基幹となるダムが無駄なものとして取り上げられている。世の風潮は、憂慮に堪えない。

第4章 ダムと環境問題

近代ダム建設は環境衛生対策から始まった

日本のダムには、弘法大師の修復で有名な満濃池などから約1200年以上の歴史がある。しかし、近代のダム技術は明治以降からの起源である。そして、日本の近代ダムの歴史は、伝染病コレラ対策の切り札として始まった。

コレラなどの伝染病は、日本にはもともとなかった疫病である。長崎に来航したオランダ商船の船員がもち込んだことから始まる。1822（文政5）年、西日本でコレラが大流行し、大阪で1カ月に数千人の死者が出た。また、1858（安政5）年、アメリカ艦ミシシッピ号が長崎来航時に菌をもち込み、江戸で大流行し、同年8月には「三日コロリ」と呼ばれて毎日数千人死者が出て、1860（万延元）年の終息までに死者は28万6000人に及んだ。その後、1879（明治12）年3月、愛媛県で発生したコレラは大分県に飛び火し、その後、全国にまん延して死者10万人以上に及んだ。1885（明治18）年8月、長崎から西日本にまん延したコレラが大阪に潜伏し、翌年全国に大流行して患者数15万人に及んだ。1877（明治10）年以降だけでコレラ流行は計5回に及び、死者300万人近くになった。大変な死者数である。当時の国挙げてのパニック状態が想像される。

これに加え、人口の都市への集中は衛生状態の悪化を招いた。19世紀のはじめに、イギリスで

写真　布引五本松ダム（布引貯水池）

写真　本河内高部ダム
（長崎県 長崎振興局 建設部ＨＰ）

近代水道技術がほぼ完成したという情報がもたらされ、近代水道施設の建設の機運が盛り上がってきた。そのことより、明治政府は、イギリスより軍人技術者パーマーを招聘《しょうへい》し、近代水道の導入に取り組んだ。１８８７（明治20）年相模川を水源とする横浜水道を最初に、１８９０（明治23）年田辺朔朗による琵琶湖疏水、そして１８９１（明治24）年の長崎市の本河内高部ダム、１９００（明治33）年神戸市の布引五本松ダムの完成となった。本河内高部ダムが近代アースダムの最初であり、布引五本松ダムがわが国コンクリートダムの最初のダムとなった。

近代ダムの建設は、環境衛生対策が目的として行われた。環境破壊のシンボルに現在まつりあげられているダム建設は、そもそも本来の建設目的は環境保全対策そのものである。ダム建設目的の三本柱は洪水調節（治水）と都市用水などの補給（利水）と水力発電である。洪水による氾濫とは、住民の生活と産業活動の場（環境）が破壊されることではないか。浸水災害を防止するという洪水調節目的は、そもそも住民の生活と産業活動の場という環境を、破壊から守るという環境保全対策そのものではないだろうか。

また、水分で潤っている大地が少雨現象・干天でカラカラになるということは、本来水気のある望ましい大地の環境が破壊されるということであり、そこに各種用水を補給する利水目的は、渇水被害という環境破壊から守る環境保全対策そのものではないか。さらに、火力発電は、石油や石炭による二酸化炭素の排出という地球温暖化の原因となるのに対し、ナショナル・セキュリティに資するクリーン・エネルギーそのものである。

ダムは環境破壊のシンボルのように決めつけられているが、その目的と役割は、そもそも環境保全対策そのものではなかろうか。環境とは、人間を取り巻く森羅万象すべての概念である。ダム建設という人為は、環境破壊の側面と環境保全対策の両側面がある。環境影響評価にあっては、多様な側面を大局的に評価することが重要である。

ダム建設時、表土を掘削する。確かにその時点においては環境破壊と言われてもいたし方がない。しかし、もう少し長い時間スケールでダム湖周辺の環境を見ると、新たな生態系の豊かな環境が創生されていることに気づく。従来の貯水池の運用では、洪水期を迎えて制限水位まで貯水位を急速に下げることによる帯状の裸地が生じる。これなどは、貯水池運用計画を従来の洪水期に水位を急速に下げる方式から、年間を通じて一定の水位の保持に努め、その水位より高い部分で洪水を調節する方式に変更することで、水際線の豊かな環境はよみがえる。

ダムの計画・管理にあって反省すべき点は反省し、謙虚に改善することが重要である。そしてダム湖の生誕が、豊かな環境を創生している側面もあることを多くの方に気づいていただきたいものである。

「緑のダム」の幻と罪

最近の世の中に、「緑のダム」という新しいダムが颯爽《さっそう》と登場してきた。まさに千両役者である。脱ダム宣言から始まって、いろいろなダム反対論を展開する人々に引っ張りダコである。

「緑のダム」とは、何と耳触りのいい言葉だろう。日本人は緑を見れば自然をイメージする。茶色の土の色を見れば、人工の環境破壊を連想する。砂漠やヒースの原野の民は、緑を見れば、先祖が営々と植林し散水し育て上げた人工林を連想し、茶色の土の色を見れば、砂漠の人の手の加わらない大自然の営力をイメージする。

世の東西の国民によって自然観は正反対であるが、日本人は誰でも緑のイメージに心をいやされ、何かほっとするものを感じない者はいないだろう。緑にはマイナスイメージはほとんどないというよりまったくない。したがって、緑は信号機の安全GOサインとして使われている。

「緑のダム」とは誰がいつ命名したのだろう。筆者も初めて「緑のダム」という言葉に接したとき、何のことだろうかと、ハタと考えさせられたことを記憶している。「緑のダム」とはコンクリートの堰堤を緑色に着色するのか、それとも土堰堤やフィルダムの法面に植樹でもして緑化するのか、と考えてしまったことを記憶している。

よくよく読んでみるとそうではなく、森林のもつ水源涵養《かんよう》効果や洪水の出水遅延緩和効果のことだと知り、なかなか洒落《しゃれ》た文学的・情緒的な比喩《ひゆ》で、面白いと命名者の表現力に感心したものであった。しかし、それが「脱ダム宣言」などでダムをやめて、代わりに「緑のダム」をつくればよいという論調を真剣に主張する専門家「もどき」の人まで現れてきたことに唖然《あぜん》としている。

わが国の森林面積は国土の約7割を占め、過去100年間では大きな変化はなく、その比率は欧米に比較して極めて高い。日本は、大局的に見れば緑豊かな島国である。しかし、河川は急流で少し雨が降れば洪水となり、少し干天が続けば渇水となる。洪水と渇水が頻発するということから、これだけ河川改修が進みダムをつくってきた現在も、洪水と渇水に脆弱な体質はなんら本質的には変わっていない。日本列島に住む者は、それらの災害から逃げ出せない宿命を背負っているのが現状である。

森林の土壌は、降雨を浸透させてその流出を遅らせる効果があることより、水源涵養林としての効用があると、古来より広く知られてきた。確かに降雨を一時的に土壌に浸透させて流出を遅らせる機能は、ダムの洪水調節機能やダムの水資源確保の機能そのものである。このようなことより、森林の水源涵養機能を「緑のダム」と呼ぶことは、文学的表現としては実に素晴らしい。

この延長線上で、森林は降雨流出遅延効果があることより、ダムの代わりとして森林を整備すれば、ダムはつくらなくてもよいと論理を飛躍させたところに大きな過誤があった。確かに中規模の降雨に対しては、土壌に浸透してから流出することより、洪水のピークをカットする機能はある。また年数回生起する渇水時には、土壌に蓄えた地下水により、渇水緩和効果がある。緑――すなわち森林は、洪水をいくらかでも緩和し、渇水をいくらかでも緩和する、ダムと同じような機能を有しているように見える。しかし、森林を整備すればダムは無用になるという論理は、大きな誤りである。

ダムが水補給効果を期待されるのは、10年に一度程度の異常渇水時のことである。それほどの大渇水時に、緑（森林）が大日照りのなかで枯れずに生き延びるためには、葉面蒸発を補うだけ地下の土壌から地下水を必死に汲み上げなければならない。緑（森林）も悲壮な覚悟で地下水を汲み上げている。そのぶん、地下水の流出分は減少する。すなわち緑のダムは、大渇水時にあっては、個体維持のために土壌から地下水を吸い上げて葉面から蒸発させているので、地下水は減るのである。

一方、ダムで洪水調節が期待されている何十年確率の大洪水時には、すでに先行降雨で土壌に浸透する地下水は飽和している。その後の洪水のピーク時の降雨は、地下に浸透できずに、直接流出せざるを得ない。したがって、洪水のピーク時には、地下に浸透できずに直接流出するぶんと、それ以前に地下に浸透して遅れて流出してくるぶんが重なり、森林のないときより大きな河川への流出量となる。すなわち森林があるときのほうが、洪水のピーク流量は大きくなる。つまり森林は、洪水調節などの効果はまったくなく、どちらかといえばマイナス効果となるのである。もう一つ、緑（森林）の機能には、表層土壌の流出を扞止《かんし》する（堰止める）効果がある。流域が裸地の場合は土砂発生量が大きいが、緑で覆われていれば、土砂発生量は極めて少なくなる。ダム計画にあたっては、流域からダム湖に流入してくるであろう土砂の100年分の堆積容量が確保されている。流域が森林で覆われていることは、ダムの堆積スピードを緩和させる効果は間違いなくある。したがって流域の森林は、洪水調節効果や水資源確保効果に対して、ダムの機能はまったくないというよりは逆のマイナスの効果であるが、ダムへの土砂堆積を緩和させるプラス効果があることは確かである。

以上のことは、河川や森林の専門家の間では常識のことである。しかし、ダムに代わる代替施設としてまず最初に登場してくるのが、この「緑のダム」の名前である。緑のダムという耳触りの良いフレーズは、社会を混乱させる実に罪つくりな困ったフレーズということになる。

援助交際という新語が世の中に現れたときとよく似ている。援助交際は売春行為そのものである。売春は法律で禁止されており、罪悪感が付きまとう。しかし同じことを援助交際と命名すれば、不思議に罪悪感が薄れてしまい、多くの少女がその道に走り、その結果としてエイズが日本にも相当な勢いでまん延しだしているという。言葉ひとつのイメージに人々は惑わされてしまっている。援助交際の命名者や普及に加担した人と「緑のダム」の命名者もともに、同じくらい罪づくりな人々に見えてくるのだが、考えすぎだろうか。

ダム建設と鳥獣保護区

ダム建設は環境破壊のシンボルのように取り上げられて久しい。確かに、ダム建設工事現場に行けば大型のブルドーザやダンプトラックが走行し、緑で覆われた山肌が伐採され、表土がむき出しになり実に痛々しく、ダムは環境破壊だと素直に実感する。

美しい高原の湖沼に佇《たたず》み、何と日本の自然の風景は素晴らしいのだろうと感動することがあろう。よくよく見ると、それは人工のダム湖であったということを経験された方も少なくないと思う。一方、貯水池の帯状の裸地斜面を見ると、人工のダム湖は環境を著しく傷つけていると思う。

ダム建設に伴う環境の改変は、良好な改変でも破壊といわれても仕方が

表　松川湖野鳥調査（伊豆野鳥愛好家）

	ダム建設前 1981年2月	増	減	湖水誕生後 1992年3月
目	5	10	2	13
科	17	16	4	29
種	50	41	4	87

表　ダム湖の鳥獣保護区（特別保護地）指定

地域別	ダム湖数	事例（鳥獣保護区名）
北海道	9	糖平湖、かなやま湖など
東　北	12	美山湖、田瀬湖など
関　東	8	津久井など
北　陸	1	山中温泉（我谷ダム）
中　部	3	奥野ダム、君ヶ野ダムなど
近　畿	7	犬山ダム、平荘ダムなど
中　国	8	大原湖、菅野湖など
四　国	6	黒瀬ダム、玉川ダムなど
九　州	27	氷川ダム、市房ダムなど

ない面とがある。それらについて検証してみる。

そこで、ダム建設により自然生態系がどのように変化するかを、鳥類を事例としてもう少し突っ込んで考えてみたい。ダム建設は、現地調査段階から用地交渉段階、補償物件の移転段階を経て、付替道路工事段階、そしてダム本体築造段階、次にダム築堤が完成して、湛水試験段階を経て、管理段階に移る。これらの一連の時間の経緯は、短いダム事業でも十数年オーダーはかかる。用地交渉などで時間がかかっているダム事業では、20~30年オーダーないしはそれ以上かかっている事業も少なくない。

これらの時間経緯のなかで、鳥類を主とした生態系がどのように変わってきたかを考えてみる。詳細に地元の野鳥愛好会が十数年、調査を続けた調査結果がある。伊豆の伊東市に流れる伊東大川（通称・松川）につくられた奥野ダム・松川湖である。伊豆野鳥愛好会が奥野ダムの工事が始まった1981（昭和56）年2月に結成されて観察を開始し、その後、奥野ダムの建設に伴う環境の変化に着目し、データの集積を図ってきて、ダム完成後の1992（平成4）年3月まで毎月1回松川湖の野鳥調査を行ってきた。

その結果、ダム建設前はガンカモ類はオシドリ、カルガモの2種だったのが、完成後はそれらに加えトモエガモ、アカハジロなど貴重な種も加え、計11種が観測されるようになった。ほかに広い湖面ができたことにより、魚を主食とするタカの一種のミサゴが確認されるようになった。ダム湖ができて上空は広く開けた視界が確保され、ワシタカ類、アマツバメ類、ツバメ類などの飛翔《ひしょう》を発見する機会が増えてきた。また、サシバというタカの一種が、秋に南に渡るコースが松川湖上空にあることも毎月の調査でわかってきた。

このようなことより、ダム建設前の1981（昭和56）年2月には5目17科50種であったが、ダム建設後の湖水誕生後の1992（平成4）年3月には13目29科87種に増えた。この12年間に増えたのが10目16科41種であり、減ったのが2目4科4種であった。このように、ダム湖誕生により新たな環境が形成され、奥野ダム・松川湖は豊かな鳥獣の生息地が形成され、奥野ダム鳥獣保護区に指定された。

このようなことは、奥野ダムの特殊性ではなく、北は北海道地方では「かなやま湖」、「糠平湖」など9ダム湖、東北地方では「田瀬湖」など12ダム湖、関東地方では「津久井湖」など8ダム湖、北陸地方では「我谷ダム湖」、中部地方では「君ヶ野ダム湖」など3ダム湖、近畿地方では加古川の「平荘ダム湖」など7ダム湖、中国地方では「菅野ダム湖」など8ダム湖、四国地方では「黒瀬湖」など6ダム、九州地方では「市房ダム湖鳥獣保護区」など27ダム湖の、合わせて全国で81のダム湖が、ダム湖鳥獣保護区に指定されている。

このことは、ダム建設をダム建設前からダム湖誕生後までのやや長期的な視点で考えれば、ダム湖誕生とは大地に水気を与えることであり、新たな生物の生息空間ができたことになる。

生命の源は水である。かつて生物を産んだ海は、人の体の中に取り込まれ羊水となった。羊水は太古の海と成分を同じくし、その羊水の中で受精卵は人となる。その過程で胎児は、鰓《えら》があったり、みずかきがある時期もある。そして40週間の進化のドラマを経て誕生する。人類を含めてすべての生命にとって水は命の母であり、大地に水気を与えれば、生態系豊かな地域になるのは当然の帰結であり、自然の理である。

一方、大地の水分が不足すれば、砂漠化の方向であり、生物にとっては実に住みにくい世になっていく。環境を見る時間スケールを長くとれば、環境破壊でなく新たに鳥獣保護区に指定されるなど、ダム湖の存在が豊かな生態系の場を創生している事例が実に多い。短期的、局所的な環境変化を見て、ダムは環境破壊であるというレッテルを貼られている現実は悲しい。

日本と欧米の違い——ダム建設と漁獲量の変化

「川の本川にダムを建設すれば、川の流れが分断されて河川を遡上《そじょう》や下降する魚類に影響し、生態系に重要なダメージを与える。ダムは生態系を破壊し死の川にする」という。「アメリカでは、生態系を取り戻すために、既存ダムを破壊し撤去し元の川に戻す」との話がある。これらは、ダムが環境破壊だという最大の根拠に、いつも取り上げられている。世界最大の鮭《さけ》・鱒《ます》の遡上河川であるアメリカ西海岸のコロンビア川における、この80年間のダム建設と鮭・鱒の物語は壮絶である。

地球上で生物資源の再生のために、最も大変な努力をしてきたのがコロンビア川の鮭・鱒の物語ではないだろうか。アメリカ西海岸の産業振興の切り札となったのがコロンビア川の発電用ダムの建設であった。最初の連邦の水力ダムがつくられたのが、１９３７（昭和12）年に完成した最下流のボンネビルダムであった。その後順次ダムが建設され、最後の連邦ダムであるマクナリーダムが完成したのは１９７３（昭和48）年である。ダム完成とともに鮭・鱒の漁獲量は減少しはじめた。鮭・鱒の漁獲量は、ボンネビルダム建設前の１９２０（昭和９）年ころから１９８０（昭和55）年までに約80％減少した。漁獲量が５分１になってしまったのである。

その間、西海岸の人口は反対に５倍以上に増加した。西海岸では、鮭・鱒の水産業は最も重要な産業の一つであった。漁獲量の激減は、アメリカ西海岸の水産業の死活を制する大問題である。コロンビア川では、ダムの建設とともに水産資源保護を目的として順次、54の孵化《ふか》場と40の人工養殖施設を建設し、コロンビア川全体で毎年帰ってくる鮭・鱒を見込み生産放流しているという。

それだけではなく、稚魚の降下バイパスやタービンから河川の流れを遠ざけるトラベリング・スクリーン、トラックとバージ艀《はしけ》で稚魚をボンネビル下流まで運び、放流する大降下作戦、農業用水路への迷入防止用ドラム・スクリーン、稚魚を食うスクォフイッシュという害魚を、スポーツ釣り愛好家に呼び掛け、１匹何ドルの懸賞金をかけ撲滅運動をするなど、考えられることは何でも行った。

しかし、漁獲量回復という目標からすると、どれも効果をあげるところまでに至らなかった。

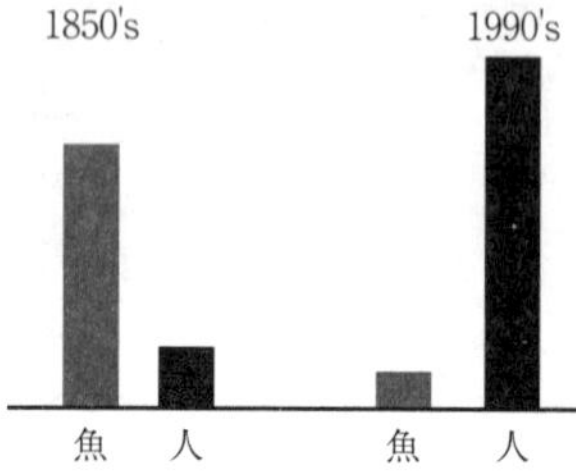

図　漁獲高の減少と人口の増加

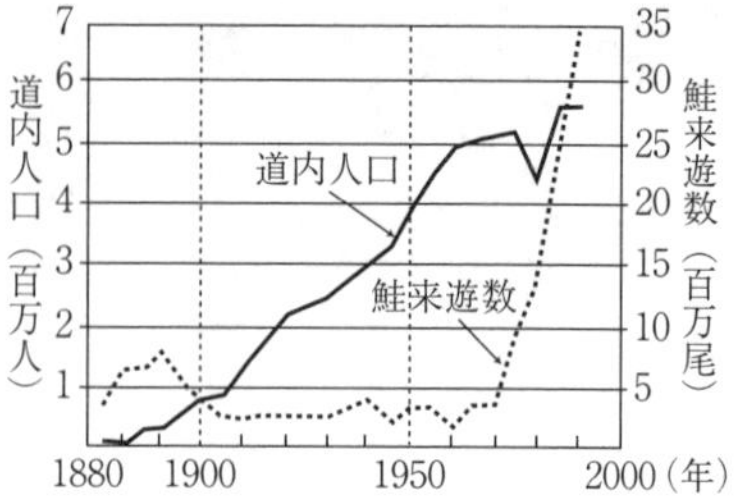

図　北海道の鮭来遊数と人口

既設発電所の減電補償をして、稚魚降下時期には河川水量を増加させる、また、ドロウダウンということで、稚魚降下時期に人工洪水に近い流量をダムから放流し、稚魚の降下を助けるなどを実施したが、思うような結果が得られず、とうとうダム撤去という事態まで打ち出した。

一方、日本でもほぼ同時期から河川の本川にダムを建設し始めた。日本でもアメリカと同じように、ダム建設とともに水産資源保護のため孵化場などが建設され生産放流がされてきた。日本も明治初期以来水産統計がある。鮭・鱒は、主として北海道なので北海道内の水産統計を調べてみると、アメリカと違い、反対に漁獲量は１９５０（昭和25）年ころより急増している。鮭・鱒の孵化場や人工養殖施設による効果である。昨今では、浜で鮭１匹数十円でもっていけといっても誰ももっていかないという話もある。

欧米の大河川の流況と魚類生態の関係と、わが国の河川の流況と魚類生態の関係など諸々《もろもろ》の関係は、月とスッポンほど違うことにより、ダム建設と漁獲量の変化はまったく逆の結果である。

本州以南は主たる漁業対象は鮭・鱒というより鮎である。ダム建設前後で鮎の漁獲量はどのように変化したのであろうか。鮎の総漁獲量は、多くのダムが建設される前の1949（昭和24）年から、建設された後の1988（昭和63）年を比較してみると約8倍程度に増加している。これは全国の河川で実施されている鮎種苗生産の増加によるところが大きい。

アメリカではダム建設により、魚道や孵化場、人工養殖施設、それに降下バイパス施設の建設など、大変な努力にもかかわらず水産業としては鮭・鱒の漁獲量は激減した。一方、日本ではダム建設により、もともとの自然生態としての場は改変されて同じではないが、ダムでは魚道などは設置しなかったにもかかわらず、代替えの孵化施設や種苗放流などの創意工夫により、水産資源として漁獲量は激増したのである。日本と欧米では、環境問題は同じ対策を行っても違う結果となる。

「環境賞」に輝く箕面川ダム

「土木は環境破壊」――、とりわけダムは、自然破壊のシンボルにまつり上げられている。極端な特殊な事例を取り上げ、ダムは堆砂で埋まり、死の川にするなど、マスコミはセンセーショナルに報道する。このような報道のことを特殊局部拡大手法というそうである。すでに多くのダムがつくられ、良くもあしくもいろいろな見方がされているが、特殊局部拡大手法の報道により、すべてのダムは環境破壊だと決めつけることには、大いに抵抗を感ぜざるを得ない。

1982（昭和57）年に完成した、箕面川ダムの自然環境の保全に意を尽くした事例を紹介したい。

箕面川ダム周辺地域全域は、二次林に置き換えられている二次自然であるものの、近傍の勝尾寺領としての保護の歴史、比較的高い国有林率から、二次林に支えられた多種多様な原生林時代の生物相と二次林の生物相がともに見られる。

写真　箕面川ダム（大阪府HPより）

本物の自然には及ばないものの、二次林は健全な働き（広義の環境調整機能）を呈しており、本物の自然への復元の高い可能性を秘めていることにより、都市近郊としては稀《まれ》に見る質の高い二次自然で、都市近郊では得難い極めて高い教育啓蒙的価値がある。

以上のような自然価値評価に基づき、ダム建設にあたりミティゲーション（開発による自然環境への影響を何らかの具体的な措置によって緩和すること）の実施については、以下の基本コンセプトを打ち立てた。

① 箕面本来の自然を再びよみがえらせること。本

来の自然とは現在の二次自然ではなく、極相林（最終的な状態の森林）の復活をめざす計画で、勝尾寺背後の天然林をモデルとした森林を復元させる。

②　施工にあたっては、不自然な自然破壊を行わないよう人為的介入を最小限にすること。自然が潜在的にもっている回復力に頼り、気長にそれを助けていくこと。例えば、とりあえず間に合わせの緑の復元はしない。性急な近視眼的な緑化は駄目、土着の生物相の保存に努め、外来種の導入は排除、市販の庭園植物による造園的修景はいっさい行わない。車道はもちろんのこと歩道も新設しない。自然研究路も今以上は不必要である。わずかに残っている原生林時代のデリケートな環境維持能力を喪失しないよう二次林を放置することが、現存自然の保護のための管理である。

基本コンセプトに基づき、具体の対策として、付替道路ルートは橋梁、トンネルを多く採用し、切土・盛土を少なくする。切取り法面を少なくする路側コンクリートなどの工夫、掘削地や満水面以下の場所から森林表土を集積、保存し、裸地・人為法面などへ還元し、森林表土の「埋土種子」による発芽促進、地区ごとに本来の植生である群集構成の森林を植栽、植林地は人の立入りを禁止し、表面はワラでマッチングし、雑草の侵入防止、水分の蒸発を防ぐ――など、自然環境の保全に意を尽くした。

１９８２（昭和57）年のダム完成後、１９８８（昭和63）年および１９８９（平成元）年に自然回復工事の追跡調査を実施して、植生の着実な回復、昆虫類などの着実な増加などの効果を検証した。

9年にわたる「箕面川ダムの自然環境の保全と回復の促進に関する研究」と、保全にあたっての画期的な成果に対し、大阪府は1993（平成5）年6月に（財）環境調査センター、日刊工業新聞主催、環境庁後援の「環境賞」を受賞した。これは土木事業としては初めてのことである。ミティゲーションの金字塔として後世に伝えなければならない。

写真　箕面川ダム環境賞

箕面川ダムにおいては、あくまでも本来の自然を復活させることにこだわった。このこだわりは、確固たる自然観に基づいている。このことが重要なのである。その後、箕面川ダムの「こころ」を見習っていろいろな自然環境保全の取組みが各地のダムで行われるようになってきた。

死の川を蘇えらせた金字塔「品木ダム」

2002（平成14）年11月18日付の朝日新聞1面トップに、日本のダムの堆砂が進み、川を「死の川」にしているという内容の記事があった。その環境破壊の事例のトップとして、国土交通省の品木ダムが取り上げられ、そして、2面に「ダムが寸断「死んだ」川」という大見出しで、中部山岳地帯の現地ルポが大々的に書かれていた。ダムで堰止められた川の水は、ほとんど流れず、濁った緑色をしているという。

品木ダムは、群馬県西北部草津白根山の麓《ふもと》を流れて、やがて利根川に合流する吾妻川の支流の湯川に群馬県により建設され、その後、当時の建設省に管理が移管されたコンクリートダムである。吾妻川は魚はおろか、虫や川藻さえまったく見られない生物のすめないばかりか、鉄やコンクリートさえ溶かしてしまう強酸性の河川で、様々な酸害に悩まされてきた。農地は酸性化し、稲は枯れる。農業用水として使えない。飲料水としても使えない。また、利根川下流の人々も健康に対する不安が払拭できない。それどころか治水も手の付けられない、まさに「死の川」であった。

吾妻川の上流の有名な草津温泉の草津の地名由来は、この強い酸性の水「臭水《くそうず》」からきているという、まさに「すべてを食いつぶす臭い水」である。吾妻川の流域の人々にとっては、この川

写真　品木ダム（国土交通省　品木ダム水質管理所ＨＰより）

の水質を中和してなんとか生物がすめる川に蘇《よみが》えらせることは、悲願中の悲願で叶《かな》わぬ夢であった。この叶わぬ夢の悲願達成に立ち向かったのが、群馬県の落合林吉ら河川技術者たちであった。

昭和の初めころより強酸性に耐えるコンクリートの研究、水質中和の各種実験を始め、中和による生物生息生態調査など、数多くの地道な調査研究が積み重ねられてきた。それらの研究成果に基づき、１９５７（昭和32）年群馬県によって「吾妻川水質改善事業」が計画され、１９６３（昭和38）年湯川流域の水質改善のための草津中和工場がついに完成した。この工場では、湯川をはじめとする三つの川に1日、60トンの石灰をミルク状にして1年中流し込み、中和し続けている。この中和生成物をため、あわせて発電のために品木ダムが１９６５（昭和40）年に築造された。

品木ダムは、日本唯一の中和生成物を貯めるダムである。鉄やコンクリートさえ溶かす強酸性水を流出し続けるという自然の脅威から、人類や生物にとって優しい川に蘇えらせ、日本はもとより世界にも前例を見ない、まさに環境保全対策の一大金字塔を打ち立てた。今から40数年前に、画期的な河川環境改善に敢然《かんぜん》と立ち向かい、幾多の困難を克服し成功させた先人たちの偉業に敬意と感謝の念を禁じえない。

過日の報道は、ダムを環境破壊のシンボルに仕立て上げたい意図が明らかである。品木ダムの名誉を著しく傷つけたことにより、名誉棄損で訴えたいとの思いに駆られるのは私一人だけではないのではなかろうか。

死の川を蘇えらせるために大変ご苦労された落合林吉（当時の群馬県企業局長）をはじめとする先人たちが、あの新聞記事をみれば怒髪《どはつ》衝天《しょうてん》し、やすらかに墓の下で眠っていられないのではなかろうか。新聞報道は事実を正確に伝える責務と社会のオピニオンリーダーとしての役割を期待されているが、その双方を放棄したのであろうか。

土木技術者の「土木魂」と「本懐」

堆砂が進み朝日新聞により「死の川」のシンボルとされた品木ダムは、生物のすめない死の川を、反対に生物のすめる真に「生きた川」に蘇えらせた環境保全対策の金字塔であり、近代土木の偉業中の偉業であると述べた。この品木ダムから現在の私どもが学ばなければならないメッセージは、堆砂うんぬんの問題ではなく、地域の悲願・夢の実現に向けての土木技術者の「職人魂」と、政治家の「郷土愛」である。

現在、土木は環境破壊だとか、ゼネコンは談合体質だとか、不要不急の公共事業だとか、ダムは無駄だとか、実に芳《かんば》しくない批判にさらされている。物事の一面をとらえ批判し、本質を見詰めようとしない軽薄な世になってしまった。地域の悲願達成のため、心血を注いで土木事業に携わる者にとっては、実に不愉快な時代である。

その評判の悪いシンボルとされた品木ダムの位置する吾妻川は、長野県境に源を発し、渋川で利根川に合流する利根川上流の大支川である。吾妻川の流域面積は、沼田市上流の利根川本川の流域と同じ広さというから、利根川水系全体として見た場合、治水や利水にとっては最大の影響力をもつ重要な支川ということになる。その吾妻川は草津白根山の火山活動に伴う、強酸性水の湧出により酸性化していたが、昭和初期からの鉱山開発によって酸性化はさらに激化し、流域の水田や既設の水力発電所の酸害などは深刻な問題となった。各種の対策案が検討されたが、いずれも実施不可能ということで手の施しようもない状態であった。

戦後の国土の荒廃やカスリーン台風などの大洪水被害もあり、首都圏を貫流する利根川の抜本的な対策が望まれていた。1951(昭和26)年から利根川全川の治水計画立案のため吾妻川も調査されたという。吾妻川は強酸性であり、酸性に耐えるコンクリートをつくることができないことから1955(昭和30)年ころには、当時の技術ではコンクリートダムはできないとの結論に至ったという。

吾妻川の酸性毒水の問題は、その流域のみでなく利根川水系全体としても手の打ちようのない深刻な問題であった。この宿命の大問題である吾妻川の水質改善に敢然と立ち向かったのが、落合林吉ら群馬県の河川技術者らであった。まず取り組んだのが、酸性河川中和に関する総合的な調査で、科学的・経済的可能性がどうかというマクロな検討である。科学的検討としては化学的中和実験、中和に必要な石灰の量と確保の可能性の問題、中和された河川水の生物生息評価のための実験などである。

一方、経済的に吾妻川の中和の農業に及ぼす効果、治水費の経済効果、発電所の酸害軽減効果などの検討がなされた。さらには、実現に向けての現地における各種調査等々がなされた。県議会において現地調査の予算がつき計画は日の目を見るに至ると、「何をとんでもないことを」というような、世論の痛烈な批判を受けることとなったという。むしろ好意的な有力な人たちからも、この計画の具体化の困難性を説き、深入りすることのないよう厳重な注意を受けたという。

その一方で、ただ一人熱心な同調者がいたという。吾妻郡から国会議員に出たことのある木檜吾川という老人だった。彼は吾妻郡に生まれたことから吾妻川を愛し、号を吾川と称し、酸性の吾妻川を普通の川にしてみせると公約して国会に出してもらったという。技術者でもないので具体の方法もなく実現できず、失明の身となり、引きこもっておられたという。

落合林吉さんが木檜さん宅を訪れた。木檜さんは貴方のような方が吾妻川を蘇えらせるというなら本物であろうということで、ぜひとも、万難を排してこの事業を実現させてくれと言って、手を握って離さなかったという。落合さんはこの盲目の老政治家の激情と、吾妻川にかける執念の深さ・郷土愛に打たれたという。この邂逅《かいこう》が落合林吉の職人魂を燃え立たせ、品木ダム実現に向けて幾多の困難を解決させせる精神の支えとなったことであろう。

その後、9カ年の歳月を費やして、ついに1965（昭和40）年12月に計画どおり竣工した。かくして、いっさい生物の生息を許さなかった死の川は生きた川になり、利根川に生息するほとんどの魚種が吾妻川に生息するようになった。坂東合口に依存する約1万ha水田は酸性から解放され、利根川の水に依存する下流都県の一千数百万を超える首都圏の人々にも、酸性水の健康に与える影響に対する不安が払拭《ふっしょく》されるに至った。

日本はもとより世界にも例を見ない自然河川の水質改善事業を完成させたのは、落合さんら土木技術者の「職人魂」と木檜さんの地域の悲願達成にかけた思い「郷土愛」ではなかったか。この事業の記録映画『よみがえる川』は1966（昭和41）年の日本産業映画コンクールに入賞し、多くの人に感動を与えた。1967（昭和42）年8月3日には当時の皇太子殿下が品木ダムと中和工場をご視察のため行啓《ぎょうけい》され、品木ダムの偉業に接しこれまでの労をねぎらわれたという。マスメディアの方は、落合さんの職人魂や木檜さんの郷土愛をどのように評価されるのであろうか。

第5章 ダムの経済効果

急がれる河川の経済評価法の確立

河川は人間社会と多面的な深い関係をもっている。すなわち、河川から人々は多くの恩恵を受けている。いわゆる利水の側面である。一方で、異常気象などによる災害をもたらす厄介な存在、すなわち治水や渇水被害の側面である。その他もろもろの側面を有する。人々は河川と良好な状況で付き合っていかなくてはならない。

現在、わが国は資本主義の国である。すべての人間社会の活動は、金銭で評価されることが求められている。河川と人間社会活動との関係の経済評価であり、河川経済評価と称している。河川と人間活動のいろいろな側面の数だけ河川経済評価も分類されるが、大きく分けて次の六つに分類される。

① 洪水被害額をどう金銭評価しようかという側面の「治水経済」。
② 日々の河川水を飲み水や工業用水、さらには農業用水として利用している水量のもつ価値評価の「利水経済」。
③ 河川のもつ水量と高低差すなわち位置のもつポテンシャルの掛け算、すなわちクリーンエネルギーとしての「水力発電経済」。
④ 異常渇水被害をどのように金銭評価しようかという「渇水経済」。

⑤　河川水の水質のもつ価値をどのように金銭評価しようかという「水質経済」。
⑥　河川の環境のもつ価値をどう金銭評価しようかという「河川環境経済」。
以上の六つの河川経済は相互に関連しているので、どう総合するかという「総合河川経済」がある。

②、③は、河川の平常時の水量に関する水利用の金銭評価であり、②については、上水道料金、工業用水料金、さらには農業用水補給による米や農作物の増産効果として、市場経済評価されている。これらの末端料金から水処理経費や導水経費を差し引けば、水源としての河川利水経済評価ができる。③は、水量と高低差すなわち位置のポテンシャルの掛け算、水力エネルギーの価値評価であり、石炭や石油などの火力発電や原子力発電などとトレードオフの関係にあり、末端の電気料金として金銭評価されている。

①と④は、気象異変など災害時の水量に関する金銭評価の部門である。①については、洪水被害の金銭評価方法であり、「治水経済調査マニュアル（案）」として整備されている。これまでも洪水被害の発生に際し、浸水被害と地域の諸データから被害額は計算され公表されている。④は、地球温暖化の影響もあるのか、近年頻発する異常気象による渇水被害をどのように金銭評価しようかということで、これは「渇水経済調査法」というシステムが、旧建設省で学識経験者などの参画のもとに策定された。

⑤は、今後ますます重要性を増す河川の水質の価値をどう金銭評価するかということで、水質

汚染対策の経済評価、下水処理、各種水質改善施策の経済評価である。これについても旧建設省で学識経験者の参画のもとに一応体系はつくられている。

⑥は、河川は人間社会にとっていちばん身近な自然環境であり、人間と共生が求められている生物生態系エコシステムの価値、それに人間の精神に潤いやいやしを与える価値などをどう経済評価しようかという問題である。ヘドニック法（環境条件の違いがどのように地価の違いに反映されているかを観察し、それをもとに環境の価値の計測を行う手法）、CVM法（仮想市場評価法）、TCM法（トラベルコスト法。訪問地までの旅行費用をサービスの価格とみなし、それと訪問回数との関係から消費者余剰（最大限支払ってもよいと考える額と実際に支払った額との差分）を計算する手法）など新しい経済評価法が試みられている。

渇水経済と水質経済評価については、策定委員会の委員の一人として筆者も参画し、大変な労力を使いつくったものであるのに、宝のもち腐れのように感じて残念である。河川の管理行為は金銭評価すれば大変価値高い経済行為である。しかし、その評価実務は実に膨大な分析集計作業が伴う。簡便にしてかつ大局的に相互バランスがとれた経済評価体系の構築が緊急の課題である。

便益計算でなぜ過小評価するのか

河川の築堤やダムによる洪水調節での被害軽減効果額をどのように評価するのか。公共事業の投資効果をコスト・ベネフィット（効果／費用）、Ｂ／Ｃ分析により評価しようとするのが、昨今の事業評価ということらしい。治水事業の実施の有無について、Ｂ／Ｃが1を超えるか否かを行政意思決定判断材料の一つにしている。治水事業の効果・便益の算定は「治水経済調査マニュアル（案）」によるとされている。

治水事業の便益は、被害を軽減することによって生じる可処分所得の増加、土地の生産性向上に伴う便益、治水安全度向上に伴う精神的な安心感などがある。しかし、道路などの利便性を向上させる他の公共社会資本と異なり、社会経済活動を支える重要な施設であるにもかかわらず、経済的に計測することが困難として、水害によって生じる直接的または間接的な資産被害を軽減することによって生じる可処分所得の一部のみを算定するとしている。

また、将来の資産の増大は想定されるがそれも計算に入れない。営業停止被害などすべてにわたり、治水経済マニュアルに流れているのは、基本的に被害額は最低限の額を算出するとの考え方でつくられている。治水事業全体を評価しているのではなく、基本的にマイナスをゼロに戻すことを便益として評価しているにすぎない。

この便益計算は、そもそもコスト・ベネフィット計算に使うためのものである。コストのほうの算出法は、治水事業の内容が決まれば、それぞれの内容ごとに細分し、それに要する経費を見積もり積み上げていけば、おのずから実際に必要とする経費に見合う積算ができる。そうするとコストのほうは実際に近く、ベネフィットのほうは、そのほとんどのものは計測しにくいということからカウントせず、文句なく計算できそうなものだけ、それも最低限の考えで積み上げるということは、そもそも分子と分母は著しくバランスを欠くこととなる。

コストの積算に見合うバランスの取れたベネフィットの積み上げの考えでなければならない。計測可能なもののみを、それも最低限しか積み上げないという考えの便益計算法は、初めからコスト・ベネフィットの計算には使えないということではないだろうか。そもそも治水の思想は、国民が安心して住める国土づくりであり、安心という目的は防衛とか治安の考えに近いものである。防災としての治水事業の投資額の評価は、防衛予算、治安予算の評価と同じ考えでしなければならないのではなかろうか。まして、利便施設に適するコスト・ベネフィットの経済論理で評価すべきでないものではないだろうか。

この考えの根本は何なのだろうか。

① 日本は近代国家なので、毎年水害被害が多額だったら対外的に格好が悪いという世界に対するメンツでもあるのかとかんぐりたくなる。

② 国民を水害の被害から守り安心して住める地域づくりに営々と努力してきたが、これから

は水害が起こっても、そのような地域に住んでいるから仕方がないのだ、あきらめなさいと言っているのか。あなた方の地域は水害から守ってみせるという脈々と伝えられてきた河川管理者の崇高な使命感はもうなくしてしまったのだろうか。

③　水害が起こってから、裁判で河川管理の瑕疵《かし》があると敗訴してから、国家賠償として賠償したほうが国民経済として安上がりであるという考えなのであろうか。

④　これからは、河川管理者としてはダムによる治水に頼らず、できるだけ堤防にする、また、それも無理なので面的に、氾濫を許容する治水方式にするという。

本当にこれでよいのであろうか。

これまで営々と水害被害を極力小さくして国民が安心して住める国土にしようとしてきた。したがって、治水の歴史を振り返ると、第一段階は、まず水害の起こるところには住まない。第二段階は、面で水害を防御しようということで、霞堤や遊水地を中心とする治水方式であった。第三段階は、連続堤防により線で水害を防御しようとする。第四段階は、点すなわちダム一点で水害を防除しようという大きな歴史を逆行するものではなかろうか。

第6章

八ッ場ダム現下の課題

八ッ場ダム中止の背景

民主党政権は、八ッ場ダムを無駄な公共事業のシンボルとして、中止するという。２０１０（平成22）年7月11日の参議院議員選挙のマニフェストでも、八ッ場ダムの中止の文言は変わらないという。

一方、1都5県の知事をはじめ、地元長野原・東吾妻両町長および関係住民は、こぞって建設推進を強く要望している。この膠着《こうちゃく》した構造の両者の溝は、いっこうに埋まる気配が見えてこない。

八ッ場ダムは、50数年経っても未だ完成していないので不用なのだという。しかし、現地に行けば、付替道路は85％、付替鉄道は88％が概成し、家屋移転は90％、用地買収は85％完了しており、全体の工事は極めて順調に進捗している。八ッ場ダム事業は、あと数年で完了するところまできているのである（２０１０（平成22）年3月現在の進捗率）。

八ッ場ダムの総事業費４６００億円のうち、あと約１１７０億円の残事業費で八ッ場ダムの当初目標としていた治水効果、利水効果は上がる。しかし、この時点で中止すれば、残事業費は使用しなくても済むかもしれないが、ダムによらない地元の生活再建費は、その残事業費よりはるかに多額の費用がかかると想定されている。前原国土交通省大臣は、ダムによらない生活再建は幾らかかろうが十分行うと地元で発言している。このような残事業費の削減額を、はるかに上回るダムによらない生活再建費がかかるということ自体、国家経済として大変な無駄遣いそのものではないだろうか。

それにしても、地元住民が希望していないダムによらない生活再建策は、地元でこれから策定しろという。政府としては、何ら特段の案をもち合わせていない白紙の状態という。

政府の強力な権力により、ダムによらない生活再建計画を策定し、関係者の合意が得られるのに10年オーダー以上の歳月がかかるであろう。さらに、実際にそれが実現するには、さらに何十年もの年月がかかるであろう。

これらの問題は、八ッ場ダム建設中止に付随して生じる問題である。八ッ場ダム建設中止により解決しなければならない本来の最重要課題は、できるだけダムによらない治水方策とはどのようなものが考えられるのか、それは果たして実現可能なのか、実現可能だとすればどれくらいの事業費と年月を要するものなのかを論議することになるであろう。

また、八ッ場ダム建設を中止しても、首都圏の何百万人の水道用水は今後安定して取水できるのだろうか。八ッ場ダム建設に代わる利水代替案は現実として可能なのであろうか。河川施設によらず流域全体で浸水を許容するという総合治水の理念は、頭の中では考えられるが、現実に実現可能なのだろうか。

疑問は、次々ととどまることなく湧いてくる。

本章では、利水代替案、治水代替案、流域総合治水などについて検証してみたい。また、八ッ場ダムを語るのに利根川の治水の歴史を踏まえる必要もある。そして、どんな角度から検証してみたところで、自然現象を科学的に推測することには、限界があるということを付言しておきたい。

八ッ場ダム中止と治水代替案

八ッ場ダム中止問題については、2009(平成21)年10月27日に新前橋において前原国土交通大臣と1都5県知事との話し合いがもたれた。この会議で、前原大臣は「予断をもたず再検証する」こと、「ダムによらない治水代替案を示す」ことを約束した。現在、有識者会議が今後の治水対策のあり方を検討し、2010(平成22)年の7月13日に「中間とりまとめ(案)」が発表された。この答申を受けて八ッ場ダムの治水代替案が示され、その後最終的な中止の可否が判断されるものと考えられる。八ッ場ダムの今後を占ううえで治水代替案は最も重要な要素である。そこで、ダムによらない治水代替案の選択肢や方向性について考えてみたい。

治水工法の変遷と代替案の方向性

治水の歴史は、大河川の「築堤」から始まった。また、築堤工事にあわせて流路の固定や川幅を広げることも行われた。その結果、治水安全度は次第に高まったが、長大な堤防をもつ多くの天井川（住んでいる地盤よりも高い川）も出現した。

しかし本来、河川が頭の上にあるということ自体危険極まりないことであり、建設重機が発達するにつれて、治水対策は築堤よりも掘削による洪水位低下を指向するようになった。しかし、掘削による治水は用水の取水を難しくするし、合流先河川の河床条件の制約を受けるなど難しい問題を抱えていた。

一方、高度成長期の地価高騰を背景に、水害リスクの高い低湿地が埋め立てられたり、霞堤の締切りなどにより、河川近くの土地まで高度利用化が進んだ。このことは、洪水被害を助長する一方、拡幅などの河道改修を難しくしていった。また、昭和30年代から急増した土地改良事業や区画整理事業にあわせて多くの中小河川の改修が進んだが、そのことが大河川の治水安全度向上をいっそう重要な課題にした。

ダムによる治水は、その効果が「下流河道の全区間にわたること」、「洪水の水位を低下させること」という二点で、従来の河道対策にはない利点を有することから、比較的規模の大きい河川の治水対策として採用されるようになった。また、水資源確保の要請も加わって次第に治水の主流になっていった。

しかし、ダムは故里の喪失という大きな犠牲を上流に強いる反面、その利益は下流が享受するという構図のため、水源地域対策特別措置法をもってしても事業の長期化が常であった。さらに、近年では環境への関心の高まり、水需要の低迷、財政難などが加わり、ダム事業は大きな転換点にさしかかっている。

治水の歴史を大胆に整理すれば「築堤時代」→「ダム時代」というまとめになる。したがって、「ダムによらない治水代替案」の方向として「ダム時代」→「再び築堤時代」ということは考えにくい。よって、代替案の方向は「流域貯留」や「氾濫の許容」といった新たな視点に重きを置くものと想定される。しかし、ここでは河道での対策の課題整理も含めて幅広く方向性を検討することとしたい。

利根川治水史

利根川治水代替案を考えるにあたって、利根川の治水の歴史を復習しておく必要がある。なお、治水計画用語として「基本高水流量」と「計画高水流量」があるが、「基本高水流量」とは、ある安全度で治水事業を行おうとする場合の基本となる流量であり、「計画高水流量」とは、基本高水流量からダムによる低減分を差し引いた流量で、河道改修工事や河川管理の対象となる流量である。

利根川で本格的な治水事業が展開されるのは明治後半からである。外国人技術者を招いて計画高水流量＝毎秒3750㎥と定めて改修に着手するが、次々と計画を上回る洪水に見舞われ、その都度、計画高水流量は改訂された。表および図は計画高水流量改訂の変遷とその要因を整理したものである（『利根川百年史』などから）。

表　利根川計画流量変遷表

計画年	西暦	基本高水流量	ダム低減量	計画高水流量	流量決定要因
明治29年	1896年	3 750 m³/s	—	3 750 m³/s	外国人技術者が設定
明治43年	1910年	5 570 m³/s	—	5 570 m³/s	明治43洪水実績
昭和14年	1939年	10 000 m³/s	—	10 000 m³/s	昭和10、昭和14洪水実績
昭和24年	1949年	17 000 m³/s	3 000 m³/s	14 000 m³/s	昭和22カスリーン台風実績
昭和55年	1980年	22 000 m³/s	6 000 m³/s	16 000 m³/s	流域の開発、安全度アップ
平成18年	2006年	22 000 m³/s	5 500 m³/s	16 500 m³/s	河道とダムの配分見直し

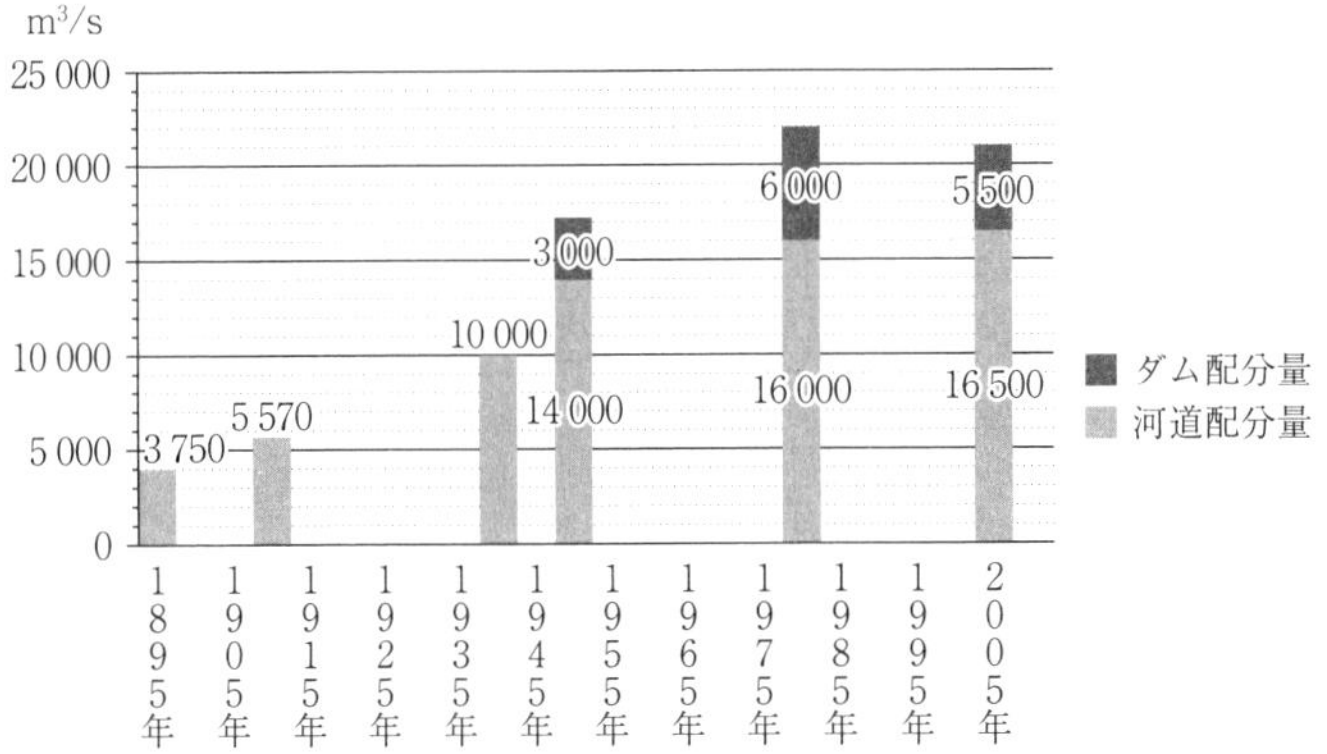

図　利根川計画流量変遷説明図

利根川計画流量変遷表において、1949（昭和24）年と1980（昭和55）年の間を波線で区切ってあるが、1949年改訂までは実績の洪水に対処しようという改訂であるのに対し、1980年以降の改訂は実績洪水を契機としていないという点で従来と異なる改訂であることから、波線で区分した。計画流量の変遷表および図からは次のようなことが読み取れる。

（1）自然現象を科学的に推測することの限界

約100年の間に、毎秒3750㎥から毎秒2万2000㎥へと実に5回もの計画変更がなされている。いったん決めた計画での改修途上で、計画高水流量を上回る洪水に見舞われて改訂を余儀なくされ、しかもまた、その改訂計画をも乗り越えられるという繰返しであったことがわかる。このことは、洪水という極めて複雑な自然現象を、科学的に推測することの難しさを示すものでもある。

また、計画高水流量とは、その時々で得られたデータと投入可能改修費とを斟酌《しんしゃく》しながら決められる当面の行政目標値であり、計画高水流量という数値自体に「絶対的真値」というものがあるわけではないことも物語っている。長野県の脱ダム騒動の際には、計画高水流量の微細な部分がことさら重大視されて議論されたきらいがあるが、計画高水流量とは、自然科学的な真値としてあるものではなく、目標値である点に注意が必要である。

（2）再度災害の防止

水害に対処する場合、その水害の発生確率云々《うんぬん》を言う以前に「実際に起きた洪水なのだから、同じ程度の洪水には対処すべきだ」という考え方がある。この考え方は「再度災害の防止」と表現されるが、1910（明治43）年や1939（昭和14）年、1949（昭和24）年の流量改訂は、正にこのような考え方によるものである。

（3）1949（昭和24）年の計画変更（カスリーン台風）の特徴

カスリーン台風では栗橋上流右岸が破堤し、氾濫流は甚大な被害をもたらしながら、約6日間かけて東京湾に至ったことは有名である。しかし、このほかにも玉村町南玉右岸から五料方面への氾濫、同町左岸から伊勢崎市街地方面への氾濫など多くの氾濫を起こしている。

「再度災害防止」の観点から実績洪水に対処しようとする場合に、まず問題になるのが「いったい、どれほどの流量が押し寄せたのか」を推定する作業である。一般の人には、実績流量ならすぐにわかるだろうと思われがちだが、「河川の流量は測定できない」のである。

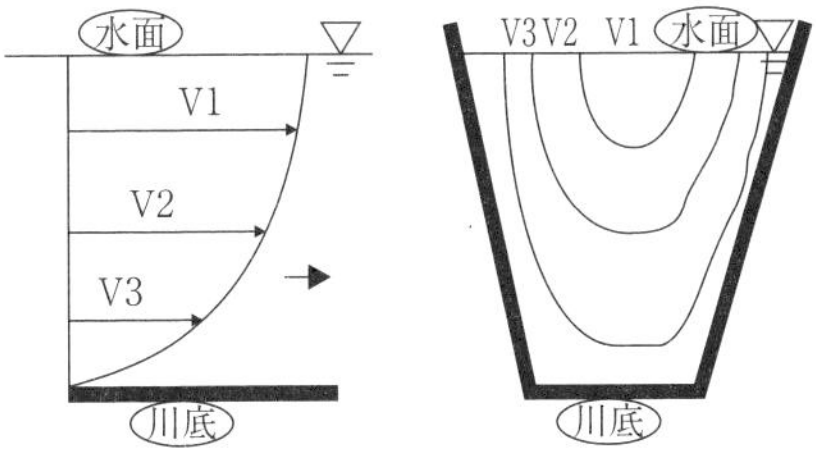

垂直方向の流速分布　　横断方向の流速分布

図　台形水路の流速分布イメージ

洪水流量は、洪水の速さと断面の積として推定されるが、洪水の流速は川底付近と水面付近では大きく異なるし、川岸付近と流心部とでも大差がある。単純な台形水路の流速分布イメージを図に示すが、断面のどこをとっても同じ流速の場所はないのである。まして、一般河川においては、いっそう複雑な流速分布となるのは当然で、時には渦や逆流を生じながら流下していく。さらに、洪水時には大量の土砂も混じるし、河川断面さえ大きく変貌する。

洪水流量の把握とは、悪条件のなかで投じた浮子《うき》の動きと水位データ、断面測量データにより「本当に近そうな値を推測」する困難な作業なのである。

加えて、上流で氾濫が生じていれば、それが流量に与えた影響についても評価しなければならないなど、不確定要素が数多く存在する。「流量が測定できない」のは今の技術をもってしても同じであり、治水計画の難しさの一端はここにもある。

カスリーン台風の実績流量は、その後の治水の基礎となることから安芸皎一氏（河川工学者）ら精鋭技術者による調査団が結成され、綿密な調査検討が行われた。その成果は「カスリーン台風の研究」としてまとめられている。この調査により、カスリーン台風は「毎秒1万7000㎥」とされたが、これはそれ以前の計画毎秒1万㎥を大幅に上回るものであった。

この実績流量をもとに、治水計画は毎秒1万4000㎥を河道改修で処理し、残りの毎秒3000㎥はダムにより低減するものとされた。

このことは何を意味するのか。今までの再度災害防止という考え方の延長線上に立つならば、直ちに計画高水流量を毎秒1万7000㎥に改訂して、流下能力増強や再改修に着手すべきである。しかし、すでに河道改修が一定程度まで進み、沿川の土地利用も進展していたことなどから、無理なく河道で処理できる流量には限界があったため、それを超える分はダムによる低減という手段が初めて採用されたのである。このことは治水代替案を考える際にも重要な意味をもつのである。

（4）1980（昭和55）年の流量改訂の特徴

過去の流量改訂が、計画を上回る未曾有の洪水への対処を契機としていたのに対し、1980（昭和55）年の流量改訂は、そのきっかけとなる洪水が存在しない点に特徴がある。このことが、机上の空論ではないかという批判を受ける要因にもなっている。この改訂は、従来の「再度災害防止」という観点を超えた、より予防的な流量改訂である。

利根川氾濫原である首都圏に、ますます資産や都市機能の集積度が高まる状況下で、利根川の治水が「単にカスリーン台風級の実績洪水への対処だけでよいのか」という考え方もある。このような視点から、国会でも利根川の治水安全度のあるべき姿がたびたび議論された。

その結果、1980（昭和55）年の改訂では200年確率洪水への対応、流域の開発に伴う洪水流出量増加への対処などが盛り込まれた。このため、基本高水流量は大幅に増加したが、掘削など河道での処理量を増やすとしてもその量には限りがあり、河道処理可能量を超える毎秒6000㎥はダムによる低減とされた。

2006（平成18）年の改訂は、利水者撤退による戸倉ダム建設中止など、今後のダム建設の厳しい見通しを踏まえて河道処理量を極限まで拡大し、ダムによる低減量を毎秒5500㎥まで縮小した微修正案である。

（5）河道代替案の困難性

利根川治水史を概観しただけでも「ダムに代わる河道での有力な治水代替案の提示は難しい」

ことが推測される。つまり、河道で処理できない分をダムによる低減と位置づけたのが現在の利根川治水の基本だからである。

しかし、そのこと自体があまりよく理解されていないきらいもあるので、「ダム低減分」を河道で代替えさせる場合にはどのような課題があるのか、マクロ的に検討してみたい。なお、八ッ場ダムのみの効果を代替えする案という視点ではなく、あくまでダムによらない利根川治水とはどのような方策があり得るのかという視点に立った検討である。

(6) 河道拡幅案

治水事業の初期の段階では、極端に川幅の狭い箇所があちこちにあり、これら

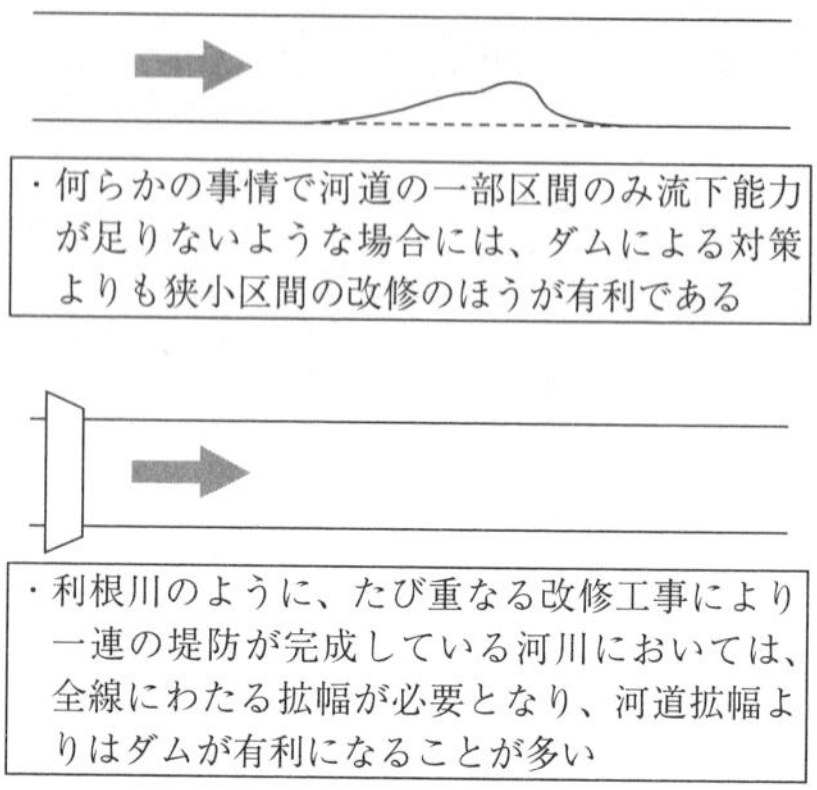

・何らかの事情で河道の一部区間のみ流下能力が足りないような場合には、ダムによる対策よりも狭小区間の改修のほうが有利である
・利根川のように、たび重なる改修工事により一連の堤防が完成している河川においては、全線にわたる拡幅が必要となり、河道拡幅よりはダムが有利になることが多い

図　河道拡幅が有利なケース

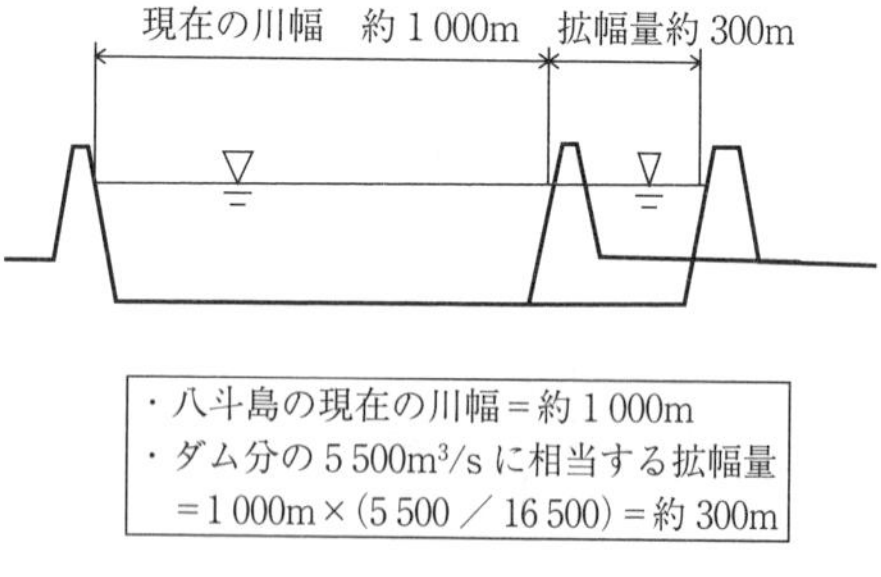

現在の川幅　約 1 000m
拡幅量約 300m
・八斗島の現在の川幅＝約 1 000m
・ダム分の 5 500m³/s に相当する拡幅量
＝1 000m×(5 500 ／ 16 500)＝約 300m

図　河道拡幅案

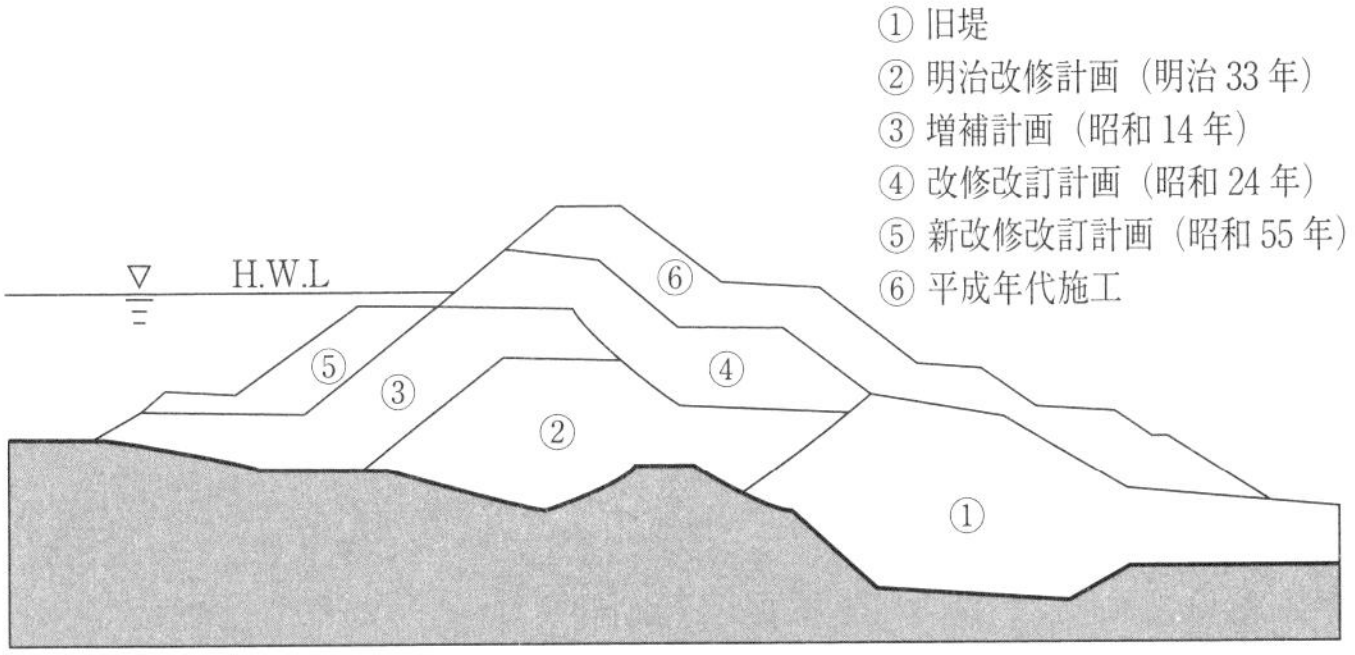

図　利根川堤防嵩上げの変遷

を順次改修していけば、一定区間の流下能力はネック部分の改修の都度向上する。

一方、利根川のように一連の区間にわたってほぼ改修が済んでいる河川の場合には、再改修延長が長くなるので一般的には河道拡幅は不利である。利根川の基本高水流量毎秒２万２０００㎥のうちのダムによる低減分毎秒５５００㎥を、河道拡幅で対処しようとすれば、前ページの図のとおり約３００ｍもの拡幅工事を長区間にわたって行わなければならない。多くの用地取得や家屋補償、拡幅分の橋梁継足しなどを考えれば経済比較以前に非現実的であろう。

（7）堤防嵩上案

利根川治水の初期は、流路の固定や川幅の拡幅が中心であったが、改修後期は堤防嵩上げが繰り返されてきた。図は利根川堤防が流量改訂のたびに嵩上げされ、あるいは漏水事故のたびに補強されてきた経緯を示したものである。その結果、利根川堤防は二階の窓から見上げるような高さになってしまった。ダムによる洪水調節に代えて、堤防嵩上げで対処したらどうかという案には次のような課題がある。なお、概略の嵩上量は「ダム低減量毎秒5500㎥÷（川幅1000m×流速4m）」から1・4m程度の見当であろう。

利根川は1998（平成10）年の洪水など、出水のたびに多くの漏水事故を起こしている。漏水は決して最高水位のときにだけ起きるものではなく、中程度の洪水でも起きる。当時の新聞は、利根川左岸を中心に多数の漏水が発生したことや、漏水対策として実施された「月の輪工法」を報じている。

「千丈《せんじょう》の堤も蟻の一穴から崩壊する」と言われるとおり、漏水は決壊につながる極めて危険な現象である。月の輪工法は、積み上げた土のうの中に貯めた水の水位と、洪水の水位との差を少しでも縮小して漏水を減らそうというものである。漏水が増えるにつれて土砂運搬量が増え、空洞が広がって水道《みずみち》ができればいっきに破堤する。

月の輪工法により減らせる水位差は数十㎝にすぎない。したがって、直ちに漏水を止めることはできないが、重要なのは「漏水によって堤防の土粒子が運び出されて、空洞化することを防ぐこと」である。月の輪工法は、漏水が始まってしまった堤防の決壊を防ぐ最も効果的な手段である。このため、現在でも多用される工法の一つであり、膿《う》んで危険な堤防上での困難な作業が水防団などによって行われるのである。堤防法面の芝を苅っておくのは、破堤の前兆である漏水をいち早く発見するためでもある。

治水の基本は、洪水の水位をできるだけ低く抑えることにある。そうすれば、漏水も減り安全度は高まる。水位を下げる効果は「利根川全川にわたって月の輪工法を実施したのと同じような効果がある」と考えれば理解しやすい。

堤防嵩上げで対応するという案は、利根川の洪水位をさらに高く設定することであり、洪水リスクを増大させる方向である。

また、仮に嵩上げするとすれば、堤防のみならず多くの橋やその取付道路、支川堤防の嵩上げさえも必要となる。支川堤防の嵩上げは内水被害（河川に出られない水による被害）の拡大に継がる。堤防の嵩上げは、河道拡幅案と同様に現実的な案ではない。

（８）河床掘削案

利根川は、いつも水の流れている部分（低水路）と、普段は運動場などとして使われていて、洪水時にだけ流水が流れる部分（高水敷）をもっている。大河川の多くはこのような複断面構造をしている。

この高水敷を取り除いてしまうか、低水路部分をもっと掘り下げればよいのではないかという案も考えられる。治水の基本である「水位を下げる」という面からは掘削案は魅力的である。しかし、高水敷の掘削は橋脚の継足しや環境への影響が大きく無制限には採用できないし、低水路の掘削は支川の河床低下や利根大堰など河川横断構造物の改築などが必要となり、簡単ではない。

１９４７（昭和22）年のカスリーン台風への対応として改訂された計画では、河道での処理量を毎秒１万４０００㎥としていたが、前に示した利根川計画流量変遷表のとおり、その後の計画ではすでに毎秒1万6500㎥まで河道負担分が増やされており、ダム低減分の毎秒5500㎥までもが掘削で対応できるとは考えにくい。

想定される治水代替案

(1) 堤防完全補強案

利根川の堤防は高い。もし、破堤すれば壊滅的打撃を受ける。2005(平成17)年にハリケーン・カトリーナに襲撃されたアメリカ・ニューオーリンズは未だに完全復旧していないし、多くの人々が街を捨てたままである。そこで、ダム代替案としては「完全な堤防補強」、つまり漏水もしないし、洪水が堤防を越えても破堤しないような完全な補強が提案される可能性がある。河川断面積は増えないものの、堤防を越えた水だけによる被害は破堤による被害よりはるかに小さく、説得力のある代替案となる可能性はある。

しかし、長い年月をかけて様々な材料で積み上げられてきた堤防を、破堤しないまでに完全補強することは河川工学上極めて困難だとされてきた。護岸工は補強の一種ではあるが、流水の衝突による堤防浸食を防ぐだけのもので、漏水や破堤阻止には効果が薄い。

漏水を完全に防ぐには、堤防の中心部や基礎部分にダムの遮水ゾーンのような、水をまったく通さない層を設ける必要がある。膨大な延長をもつ堤防に遮水ゾーンを設けることは、経済的にも時間的にも難しい。仮に、遮水ができたとしても越水による破堤を防ぐためには、川面側、川裏側とも強固な法覆工《フェーシング》が必要となる。土は越流した水の作用には極めて弱く、堤防の腹付補強だけでは、越水に対しては無力に等しいからである。堤防の補強は、スーパー堤防を除けば完全ではない。そのスーパー堤防は費用がかかり過ぎるのである。

（2）基本高水流量の引下げ＋避難システム充実案

首都圏へ集中する資産や人口を守るため、治水安全度の目標を200年に一度程度まで高め、基本高水流量を毎秒2万2000㎥にまで引き上げたことから、多くのダムが必要になった。一方、人口減少が現実のものとなったわが国の公共投資余力は、減少せざるを得ない。

それならば、利根川治水安全度を200年に一度まで引き上げることをあきらめ、基本高水流量をカスリーン台風実績並の毎秒1万7000㎥までに縮小改訂することも考えられる。これは、治水の目標が高すぎるという意見に応えることにもなる。この案では、カスリーン台風並の洪水（毎秒1万7000㎥）が再来した場合には、ダムによる低減分（毎秒3000㎥）が未だに達成されていないので破堤の危険性が高く、避難情報の提供やハザードマップの充実などのソフト対策でしのぐということになる。首都圏の治水安全度が実績洪水以下でもよいのかどうか、慎重な意見集約が不可欠である。

（3）流域全体での総合的治水対策案

行政目標として、いったん掲げた基本高水流量の引下げは、首都圏住民の不安を招く。したがって、基本高水流量は毎秒2万2000㎥（200年に一度）のまま据え置き、森林整備効果や上流域での計画的氾濫効果などを定量的に評価し、「毎秒2万2000㎥－流域全体での対策量＝

新計画高水流量」のような新たな考え方が提案される可能性もある。

洪水を完全に河道に閉じ込めようとすれば、ハード的整備には際限がなくなるとともに、万一の破堤の際には被害は甚大になる。そこで、ある程度の氾濫は許容しながら流域全体で対応すべきだという考え方である。このような考え方に基づく様々なアイデアが、すでに提案されてきた。アイデアを列挙すれば、次のとおりである。これらは、ハード中心の治水からの脱却を目指す考え方として定着しているものの、定量化が難しいことなどから、治水計画に具体的に組み込まれることは少なかった。

- 不連続な堤防（霞堤）で洪水の一部を逃がす、あるいは遊水効果を期待する。
- 氾濫した洪水の勢いを河畔林で弱め、被害を軽減する。
- 氾濫リスクの高い低湿地の土地利用を、都市計画法などで強く規制する。
- 道路盛土などを活用して、氾濫した洪水の市街地進入を防ぐ（二線堤）。
- 計画的な無堤部、越流部を設け、河道への負荷を軽減する。
- 浸透性舗装や各戸貯留により、流出自体を抑制する。
- 宅地開発にあたっては、調整池などの流出抑制策を強化する。
- 森林の良好管理により、保水効果を高める（いわゆる緑のダム）。

代替案の方向性

「ダムによらない代替案」として、「再びの河道対策」は時計の針を逆に回すような困難な作業であり、代替案にはなり得ない。また、完全な堤防補強も、基本高水流量の引下げもそれぞれに課題が大きいことから「流域全体での総合的治水」が代替案の主力として示されるものと推測される。

実は、このような考え方はすでに昭和50年代から始まっている。理念としては、長い歴史がある「流域総合治水」であるが、今までの治水計画に具体的、即地的に盛り込まれた例は少ない。なぜなら、次のような二つの課題があるからである。

課題の一つは「定量化」が極めて難しいことである。治水は流量、水位という「量」が勝負であるが、浸透性舗装、各戸貯留、緑のダムなどそれぞれについての定量化は極めて難しい。ある程度まとまった効果が見込めるだろうと期待されていた森林の保水効果（緑のダム）でさえも、日本学術会議は「森林の流出抑制効果は限定的」であると報告している。つまり、森林地が洪水のピーク時にはすでに水を含みきったスポンジのような状態で、流出抑制効果はあまり期待できそうもないのである。今後各要素の定量的解明が欠かせない。

二つ目の課題は「流域住民の合意形成」の難しさにある。「流域全体での総合的治水対策」を、言い換えれば「流域住民が洪水被害の一部を受忍すること、河川への負担を減らすためそれぞれが流出抑制に努めること」である。これは、完全な治水を要求せず、ダムや河道任せだった治水対策を自ら担うことでもある。

もし、一定の氾濫を容認しながら生活する社会が実現すれば、計画を超えるような洪水が発生しても広く浅く被害が増すだけで、破堤という大事件を避けることができる。そうなれば、洪水に対する社会的耐性は一気に高まる。一方で、このような考え方について、社会的合意が得られるかどうかが大きな課題である。

洪水とは個人の財産、生命に危険を及ぼす重大な出来事である。宅地が浸水しそうなら下水の接続マスを開けて違法放流してしまうような事案も頻発しているし、揚げ船を軒先に常備する水害常襲地帯では、対岸の堤防を切りに行った故事や対岸が破堤したときに「万歳」を叫んだことなども記録されている。非常時には、わが身の被害を最小限にしようという防衛本能が働く。したがって、河畔林や不連続堤防、氾濫の許容、土地利用規制といった「流域総合治水」への理解は一朝一夕には進まないのではないか。水害とともに暮らす覚悟を求めることでもあり、長い時間がかかるだろう。

流域総合治水は、今後の治水の有力な考え方であろうが、八ッ場ダムの代替案として提案されるのならば、定量化と社会的合意形成という二つの課題についても、解決までのロードマップが示される必要がある。

また、計画的な無堤部や不連続堤防、越流部などを代替計画に組み込むならば、具体的な場所や概略の規模など、即地的な案として示されなければならない。なぜなら、それらの対策の多くは、群馬県など利根川上流域が負わざるを得ないからで、それらを曖昧にしたままで八ッ場ダム中止の可否を論ずるわけにはいかない。それらの具体的な案と八ッ場ダム継続とを比較することが、八ッ場ダム中止の問題を解決するうえで最も重要である。

おわりに

社会資本整備は、そのうえで暮らす人々の幸せをサポートする手段であり、それ自体が目的ではない。時代とともに人々の考えも変わり「流域総合治水」に多くの人々の理解が得られ、また受け入れられるのであれば、ダム事業や治水事業はそろそろ表舞台から退場すべき時期かもしれない。そのためにも、代替案としての「流域総合治水案」は八ッ場ダムと比較可能な具体的な案として提示される必要がある。

河道による治水が行き詰まり始めた昭和50年代に、流域総合治水やスーパー堤防などの発想が出てきたが、それぞれ多くの課題を抱えることから、安全度の上乗せにはダム方式が多用されてきた。利根川においても、一部でスーパー堤防整備などが進められてはいるものの、多大な事業費を要することなどから、上流ダム群が今後の治水の要と位置づけられてきた。専門家会議がこの基本的考え方を大きく変更するのかどうかに関心が集まっている。

仮に、「流域総合治水」が代替案として示され、その対策地域が再び群馬県など利根川上流地域に偏《へだた》るようなら、利根川上流地域はダムによる犠牲に加えて二重の苦しみを背負うことになる。そうなれば、再び上下流対立の構図は避けられず、合意形成は難航するだろう。利根川の治水に広範な理解を得るためには、下流都県も含めて均《ひと》しく痛みを分かちあう、正に「流域全体」での対策として示されるべきである。

八ッ場ダム中止と利水代替案

2009年（平成21年）10月27日に開催された1都5県知事との新前橋会議で前原国土交通大臣は八ッ場ダムに代わる治水利水代替案を示すとしたが、未だに示されていない。同年12月3日には再検証のための9人の有識者会議が発足したが、メンバーの多くは治水が専門の河川工学関係者である。会の名称「今後の治水対策のあり方に関する有識者会議」が示すとおり、治水を中心に議論がなされるようである。

したがって、利水に関してどのような代替案が示されるのか現時点ではまったく不透明であるが、利水の代替案がありうるのかどうかが、八ッ場ダムの今後を左右する重要な要素の一つであるので、利水代替案の可能性について幅広く考えてみたい。

各都県が八ッ場ダムに参画して新たに水利権を得ようとする量（ダム参画量）は約毎秒22㎥であるが、こ

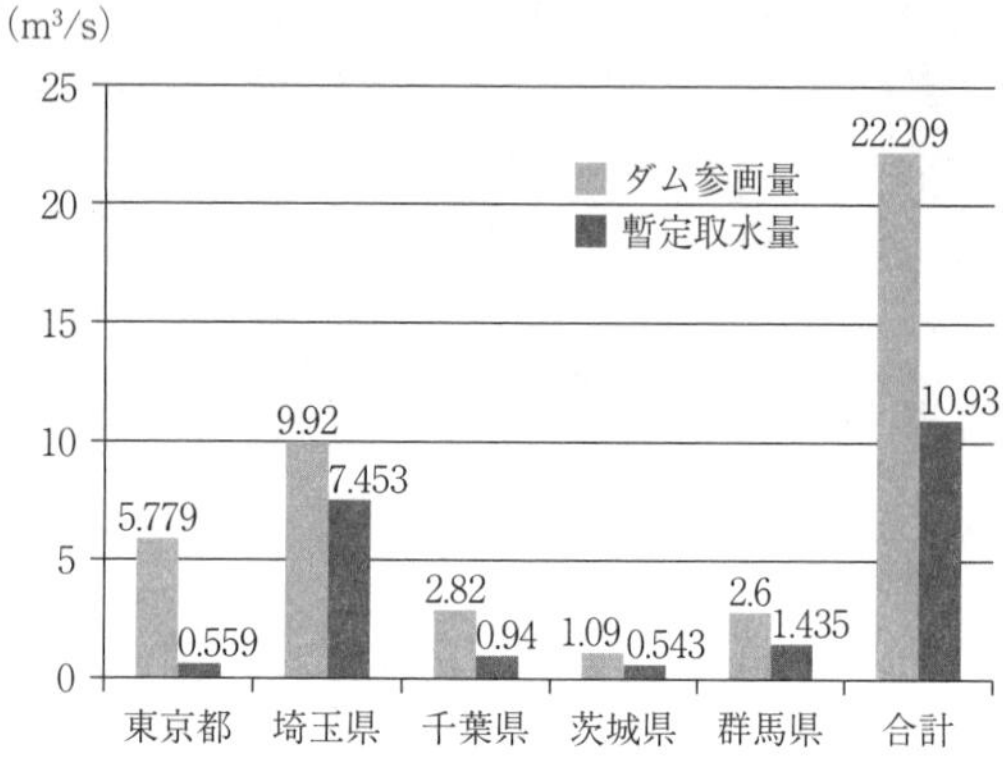

図　八ッ場ダムへの参画量と暫定取水量

のうちの約毎秒11㎥はすでに取水が開始されている（暫定取水量）。

八ッ場ダムに参画した各利水者は、当然のことながらダム完成後に取得することとなるダム参画量を基本にして、水道施設整備などの水道事業を展開している。したがって、代替案としてはこのダム参画量を基本に考えるべきであるが、最低限でも現在取水を開始している暫定取水量は、満足できるような代替案である必要がある。

地下水での代替案

ダムによる水資源開発が始まる前は、都市用水（水道用水や工業用水）のかなりの部分を地下水に依存していた。「地下水の汲上げで地盤沈下が生じたがすでに沈下は止まり、場所によっては隆起も見られる。したがって、代替案としては地下水の適正利用量を見直し、その有効活用が考えられる」という意見もある。地下水での代替えの可能性を検討するためには、地盤沈下の経緯と現状を大まかに確認しておく必要がある。

図は埼玉県環境部の累積地盤沈下データである。これによれば草加、川口、越谷、春日部観測所などは明瞭な沈下傾向がまだ続いている。埼玉県は八ッ場ダムへの参画量、暫定取水量とも最大の県であるが、その埼玉県の地盤沈下が今でも汲上げ量に鋭敏に反応していることは、八ッ場ダムの代替えとしての難しさを物語っている。

東京都は、過去には広範囲かつ深刻な地盤沈下に悩まされてきた。しかし、戦後の一時期はいっせいに沈下が停止した。太平洋戦争で焼土と化した東京は経済活動が止まり、その結果、地下水

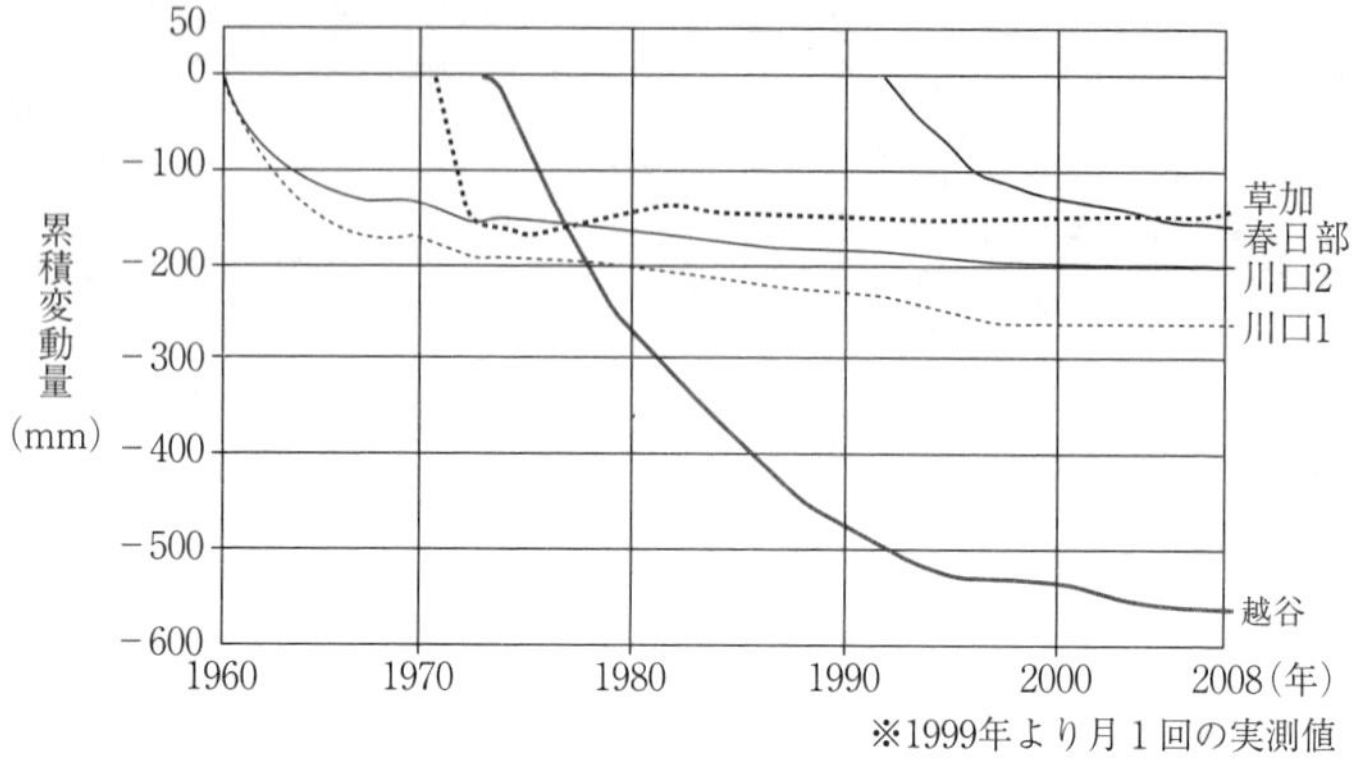

図　地盤変動経年変化（草加、川口、越谷、春日部）

の揚水停止に連動して地盤沈下も停止した。その後の急速な経済発展に比例するように再び沈下が進行し、江東区砂町二丁目の沈下量は約4・5mにも達している。その後、ダムを水源とする表流水への切替えが進んだこと、また天然ガスの採取も全面禁止されたことにより、1970（昭和45）年ころからは沈下は沈静化している。しかし、江東区を中心に、約1万1600haにも及ぶ広い地域がゼロメートル地帯のままである。

群馬県東部の地盤沈下は、やや緩やかになりつつあるものの、依然として明瞭な沈下傾向にある。2008（平成20）年の沈下実績は邑楽町、明和町などで年間5～10㎜程度である。2009（平成21）年版の群馬県環境白書には「地下水の採取量を削減するためには、代替水源の確保が不可欠であることから、東部地域水道などの整備を進めています」と記述されている。

埼玉や群馬で依然として沈下傾向が続いていること

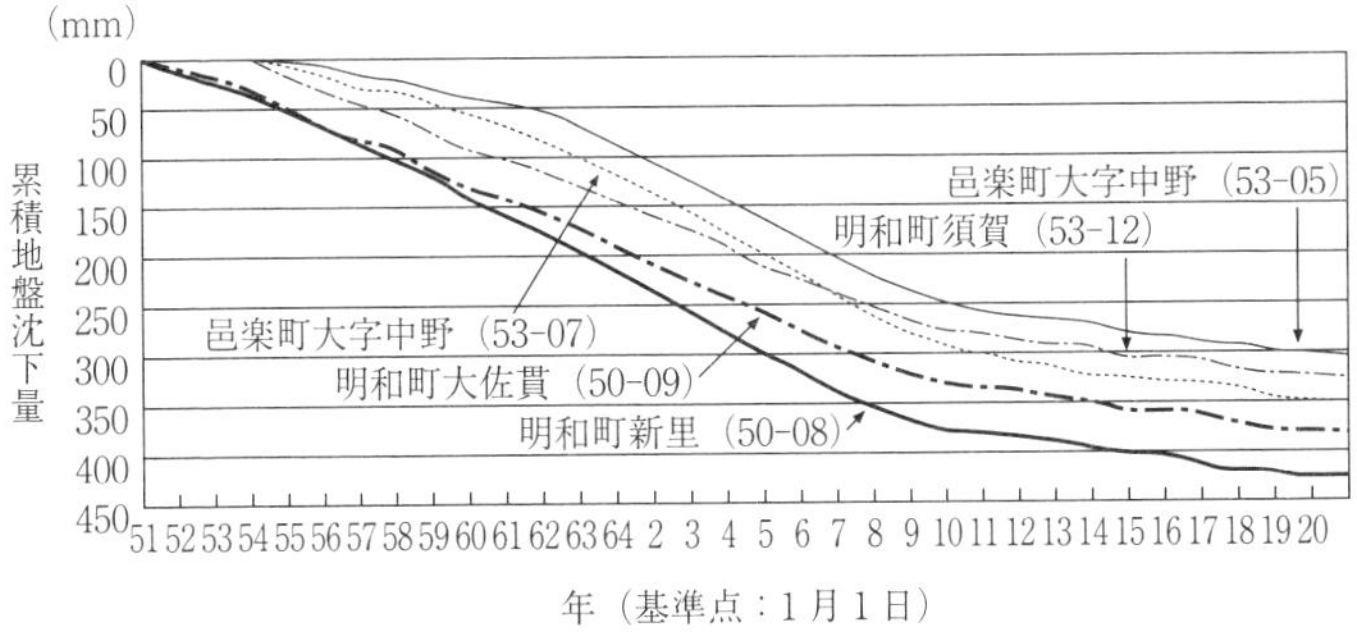

図　累積地盤沈下量上位5地点の経年変化図

や、東京の広大なゼロメートル地帯の重大性、さらに地球温暖化によって想定される今後の海面上昇がゼロメートル地帯のリスクを増大させることを考えれば、再び地下水依存度を高める案は、利水代替案候補から真っ先に除外しなければならない。

地下水には近年別の問題も生じている。群馬県の観測井戸のうち、実に多くの井戸で許容値を超過した硝酸性窒素、亜硝酸性窒素、トリクロロエチレンが検出されている。

硝酸性窒素や亜硝酸性窒素は肥料、家畜のふん尿や生活排水に含まれるアンモニウムが酸化されたもので、血液の病気などの原因になる。トリクロロエチレンは発がん性物質として知られている。地下水は「きれいでおいしい」というのが定説であったが、様々な社会活動の結果、汚染も進んでいるのである。いったん汚染された地下水は、なかなか元に戻らないという特質もある。なぜなら、地下水の流れは極めて遅いからである。地下水利用には地盤沈下に加え、水質という大きな難問もある。

農業用水からの転用案

流域の都市化が都市用水の需要を押し上げた。ならば、その分農地が減少したはずであり、「農業用水が減少した分を水道用水に転用すればよい」という考えがある。

次頁の表は、農業用水から水道用水への転用状況をまとめたものであるが、全国では約毎秒45㎥もの実績がある。特に、水資源確保の緊急性が高い関東地方の転用は約毎秒20㎥に達している。

「もっと転用可能なのではないか」という考えもあるが、農業用水からの転用には多くの難しさもある。慣行水利権と呼ばれる河川法以前からの水利は、熾烈な水争いの積み重ねによってその秩序が形成されたものが多く、数多くの流血事件も記録されている。このような歴史自体が、他の用途への転用調整を難しくする要因の一つである。

さらに、取水実績などの実態が十分把握されていないこと、また何度も反復利用されること、余剰水は河川維持用水にも充当されること、水路改修によるロス率の向上も関係することなど、単純な農地減少量だけでは転用量が決められない難しさもある。なかでも最大の問題は、通常の農業用水が夏期のみの権利であるのに対し、水道用水は年間を通じた権利を取得しなければならない点にある。つまり、農業用水の転用によって夏期の権利を取得しても、別途冬期の水源が確保されない限り、通年型の水道水源とはなり得ない。したがって、農業用水の転用だけでは八ッ場ダム利水代替案にはなり得ないのである。

表　農業用水から水道用水への転用状況

（単位：m^3/s）

転用先 / 地建等	農業用からの転用	件数	工業用からの転用	件数	その他からの転用	件数	合計	件数
北海道開発局	0.244	6					0.244	6
東北地建	1.272	11					1.272	11
関東地建	13.077	17	5.867	5	1.004	2	19.948	24
北陸地建	5.962	6	0.004	1			5.965	7
中部地建	4.967	5	5.798	4			10.765	9
近畿地建	1.061	3	0.350	1			1.411	4
中国地建	3.573	4	1.394	2			4.967	6
四国地建	0.023	1	1.120	1			1.143	2
九州地建	0.167	3					0.167	3
合計	30.346	56	14.533	14	1.004	2	45.882	72

出典：日本ダム協会ダム関連資料より

八ッ場ダム利水者の多くは、夏季分は農業用水からの転用で水源を確保し、それに相当する冬期分の水源をダムで確保しようとして参画している。このように農業用水からの転用も鋭意実行されている。

一方、食糧自給率が低いわが国（カロリーベース自給率で40%、価格ベース自給率で70%程度）は、食糧という形で膨大な量の水を輸入している。輸入食糧を生産するために必要とした水の量を仮想水輸入量と呼ぶが、この仮想投入水輸入量は日本の総灌漑用水量をすでに上回っている（図参照）。

21世紀は降雨の偏在化などにより、世界で水不足や水争いが深刻化すると言われている。農業用水から水道用水への転用を進めること自体も容易ではないが、仮想水の大量輸入という国際的矛盾や、食糧自給率の向上という国家的方

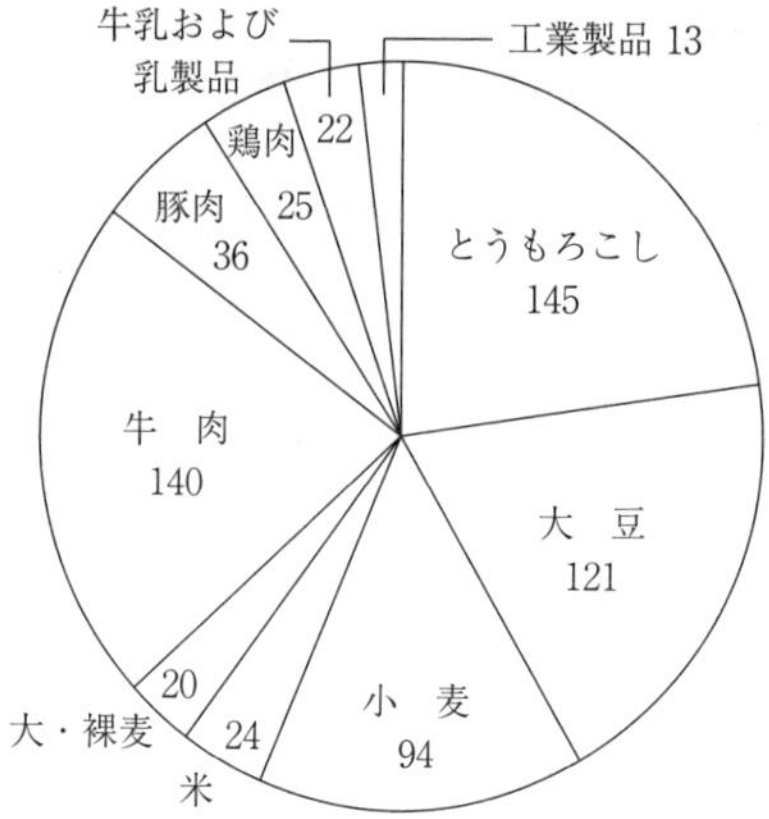

■品目別仮想投入水量（億m³／年）

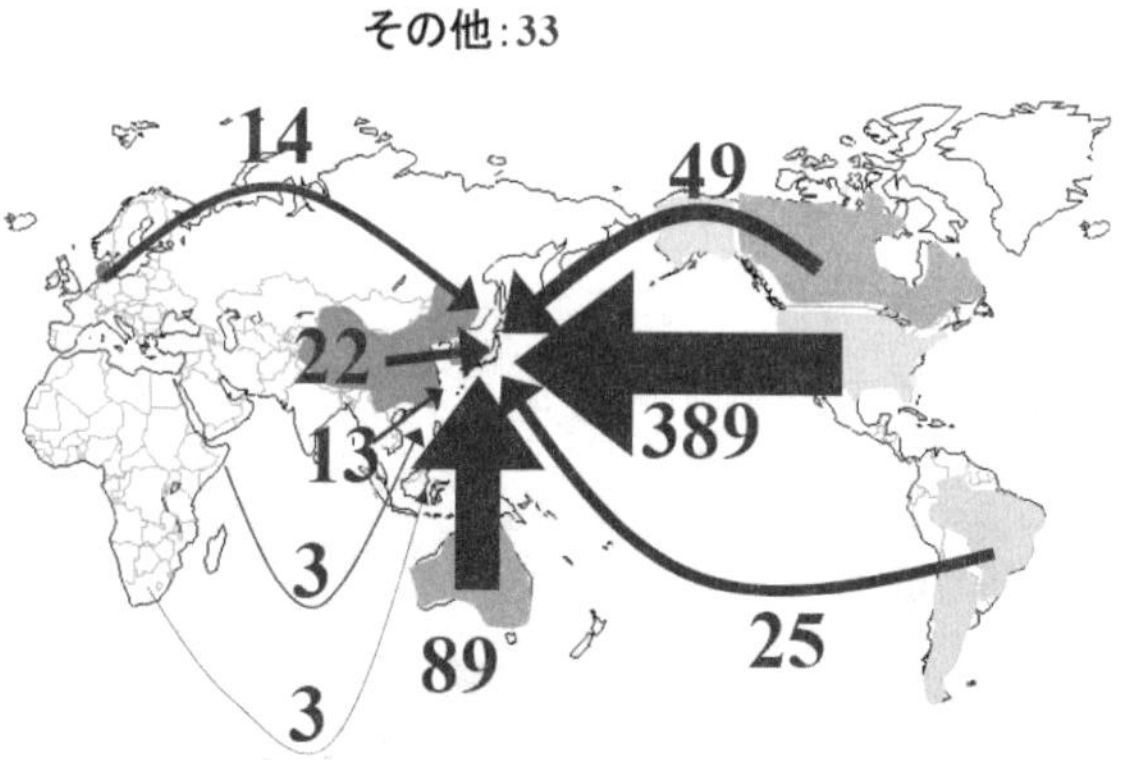

■地域別仮想投入水輸入量（億m³／年）

総輸入量：640億m³／年＞日本国内の年間灌漑用水使用量：590億m³／年

図　日本の仮想投入水総輸入量

（出典）東京大学生産技術研究所沖・鼎研究室ホームページ
東京大学生産技術研究所沖大幹助教授等のグループによる試算（2003）

針との調整も大きな課題である。

その他の代替案

その他に考えうる代替案としては、「下水道水の超高度処理による再飲料水化」「海水の淡水化」などがあるものの、八ッ場ダムで暫定取水中の約毎秒11㎥（95万トン／日）をまかなうには莫大なコストがかかりとても現実味はない。

また、一時そのネーミングで脚光を浴びた「緑のダム」も、その後の学術的検討により、「渇水時の流量増加に寄与しない、あるいは定量的な証明ができていない」という整理がなされた。森はもちろん大事であるが、森を増やせば渇水流量がどれだけ増えるのか、その森をどこに増やすのか、間伐などによる森林の適切管理がなぜ流況改善につながるのか、改善につながるとしてもその量はどのくらいなのかなど、合理的、定量的説明はなされていない。したがって、緑のダムも暫定取水分の代替案にはなり得ない。

漏水防止や工業用水回収率の向上も限界に近いところまで改善が進んでいる。東京都の水道管の漏水率は約20％から3・6％に改善された。世界の大都市の平均的漏水率は10％前後とされており、3・6％という漏水率は驚異的な数字である。漏水対策専門職員の養成所をつくったり、老朽化した配水管を鋭意交換してきた結果である。

また、工業用水の回収率も、1965（昭和40）年の全国全業種平均36％から、約80％まで上昇しており、限界に近づいている。今後も節水、漏水率改善、下水の再利用、ライフスタイルの変更など、様々な分野で改善を進める必要があろうが、それらは八ッ場ダムの利水代替案とは別のものである。

首都圏・熾烈な水争奪戦の始まり

八ッ場ダム中止で心配なことは、毎秒約10㎥という極めて多量の暫定水利権はどうなるのかということがある。八ッ場ダムに利水で参加している下流の都県最大の心配事は、これに尽きるのではないだろうか。

前原大臣は、ダムによらない治水という理念を掲げて八ッ場ダム中止を強引に進めようとしている。何を考えているのかといえば緑のダムだという。緑のダムは幻である。ダムに代わる治水効果はないことは、治水の専門家の常識である。治水の代替案も未だに前原大臣は示されていない。しからば、利水について暫定水利権をそのまま従来どおり取水することを認めてやるという。したがって、これまでと何ら変わらないで取水できるからよいではないかという。果たしてそうだろうか。水不足で困って八ッ場ダム建設に利水者として参画するも、八ッ場ダム完成が待ちきれず取水させてほしいということで、八ッ場ダム完成までの間、豊水時のみ既存水利権者に迷惑をかけないことを条件に暫定水利権を付与されてきた。

これまで1972（昭和47）年から2001（平成13）年までの29年間のうち、12年間で62 6日間にわたり渇水調節で10～30％の取水制限を行うことにより、断水などの最悪事態は回避されたが、利根川上流ダム群の最低貯水率は1978（昭和53）年度が16％、1987（昭和62）

年が18％、1994（平成6）年が21％、1996（平成8）年の冬が25％、夏が23％、まで下がった。あと何日か雨が降らなければ貯水量ゼロという、最悪の危機に直面する事態になるところだった。幸いにも、恵の雨により最悪のシナリオだけは回避された。2～3年ごとに、水道関係者や河川管理者は取水制限だという綱渡りで急場をしのいできている。このような現状を見ても、八ッ場ダムの利水は不用だというのだろうか。首都圏住民300万人以上が八ッ場ダムの暫定水利権に依存している。これまでの2～3年に一度の渇水年の延べ626日間（年平均約22日）は暫定水利権者は取水できないのが原則であるが、八ッ場ダム建設のため長年共同事業者として利水負担をしてきており、先行利水者の温情と河川管理者の調整により、実際には、先行水利権者の取水制限率プラス10％程度の上乗せの制限率で、暫定水利権者300万人のパニックを回避されてきた運用の歴史がある。

八ッ場ダム建設が中止になったら、そのような温情ある運用は期待ができるであろうか。先行水利権者にとってみれば、自分達はこれまでダム反対論などのなか、大変な思いで水源手当をして水を取水しているのに、暫定水利権者は水源手当の努力をしないことになれば、暫定水利権は放棄してもらわなければ理に合わないことになる。暫定水利権をたとえ継続することとなっても、既得水利権者にいっさい迷惑をかけないことが大前提になっているので、それは豊水時のみしか取水できないことになる。渇水時には取水はいっさいできないということになる。

たとえ、前原大臣が従来どおり暫定水利権を継続させてやると言っても中身のない、空手形ということになるのではないだろうか。

首都圏の水資源のいちばんの切り札は関越国境の山脈の雪融け水である。地球温暖化の影響かどうかは定かではないが、最近関越山脈の頼みの積雪量が少なくなってきている。

わが国の降雨現象は、この百年来四つの気候異変が進んでいる。①降れば大雨、降らなければ降らない、降雨現象変動幅の拡大、②局地豪雨の頻発化、③季節の区切りがわからなくなってきた、④トータル降水量の少雨化等々……。

これらの影響もあって、全国的に利水の安全度は低下傾向にある。取水できる量は目減りしてきている。利根川水系の利水の安全度はもともと全国の他水系が10年に一度に対し、利根川は5年に一度と安全度が低いうえに、今後さらに四つの気温異変で利水の安全度が急激に低下してきている現状で、既得水利権者がこれまでと同じように暫定水利権者が取水されることを同意することなどは考えられない。これまでは、水源手当の鋭意努力中であるので温情的に渇水時にも同じような節水率で取水させてくれたかもしれないが、水源手当のない者に自分たちと同様な取水する権利を認めるということは、自分達はその分だけ取水できなくなることである。

歴史を振り返ってみると天下を治めた豊臣秀吉や徳川家康でも、水争いには仲裁の労をとらなかったという。渇水時の水争いは熾烈である。血の雨が降る水争いを見て見ぬふりをしている他なかったのである。

まとめ

水利権とその開発施設とを極めて厳密に対応させる水利行政の運用がなされてきた結果、中山間地のごく小規模な新規水利であっても、独自の水資源開発施設の設置が求められ、利水を主目的とする小規模なダムが急速に増えていった。既存の先行水利に支障を及ぼしてはならないという原則からは、いかなる規模であろうが、また小支川からの取水であろうが水資源開発施設が必要というのは、理論的にはまったくそのとおりであるが、山間部のごく小規模な水利のために、砂防堰堤や治山堰堤にさえ貯水して水源施設にしようといった、笑い話のような事業が展開された時期もあった。

水利行政にこのような厳格さが求められた背景としては、各河川での長い水争いの歴史、全国的な水需要の急増と逼迫《ひっぱく》感、水利権に関するほとんどの権限を国に集中させた１９６４（昭和39）年の河川法改正などがある。

人口減少が始まり水需要の逼迫感が薄れた現在、小支川でのごく小規模な水利用については、使用後の河川への還元事情なども考慮して、もう少し柔軟な水利行政が検討される余地はある。また、社会情勢の変化により既存ダムの水利権が十分活用されていない事例も出てきているが、これらの資源を柔軟に融通して有効活用するための仕組みづくりの検討も必要であろう。

また、社会事情の変化によって水需要見通しなどを、建設途中で見直すべき状況に至ったダムもあるが、そのようなダムや利水代替案のあるダムは、今後も見直しが進められるべきであろう。

しかし、それらのダムと八ッ場ダムとは基本的に異なる。今後の需要予測云々ではなく、実際に必要な量を、しかも大量に取水中のダムだからである。暫定取水中の毎秒11・0㎥を、一人1日あたり使用量を300ℓとして人口に換算すれば約300万人分にも相当し（11・0×60秒×60分×24時間／300ℓ）、節水、漏水防止などでは到底対応できる量ではない。

利水代替案の可能性があるとすれば、水利行政の抜本的な見直しのなかにしか考えられそうもないが、既存の水資源開発総コストを、暫定取水中の利水者も含めて、利根川水系全体の利水者で負担の再調整をして安定水利権化するような新たな考え方は、利根川水系の利水安全度の低下につながることに加え、利害関係者があまりに多いことなどから、流域関係者全体の合意を得ることは極めて難しいのではないか。また、水利行政の見直しが行われるとしても、今後の水資源開発に適用されるべきで、すでに事業中の八ッ場ダムへの適用には無理がある。

いずれにしろ、どのような水利行政の見直しが行われるのか、その結果どのような利水代替案が提案されるのかに大きな関心が集まっている。そのことが八ッ場ダムの今後を左右するからである。

八ッ場ダム中止と流域総合治水の限界

利根川での流域総合治水の問題点

「流域総合治水」の理念が体系的にまとめられたのは、２０００（平成12）年の河川審議会計画部会答申である。このような「流域総合治水」の考えが、利根川のように人口や資産が密に集積した大河川においても妥当なのかどうかが第一の問題点である。また、日本経済のエンジンに相当する利根川右岸を強固な連続堤防で守り切ろうとすれば、「流域総合治水」とは言いながら利根川の場合には、上流部および左岸側に過重な負担を強いることとなる。そのような地域間アンバランスが第二の問題点である。二つの問題点を論ずる前に、現在の利根川堤防の現状を概観しておく必要がある。

次ページの上の図は利根川の漏水個所を表示したものである。多くの漏水が左岸（群馬側）に集中していることがわかる。

漏水を契機に、国土交通省は堤防いっせい点検を実施した。その結果は次々ページの図のとおりであるが、左岸右岸で安全率に著しい差は見られない。

利根川堤防補強と流域総合治水

一方、国は２００４（平成16）年から漏水対策として「首都圏氾濫区域堤防強化対策事業」を

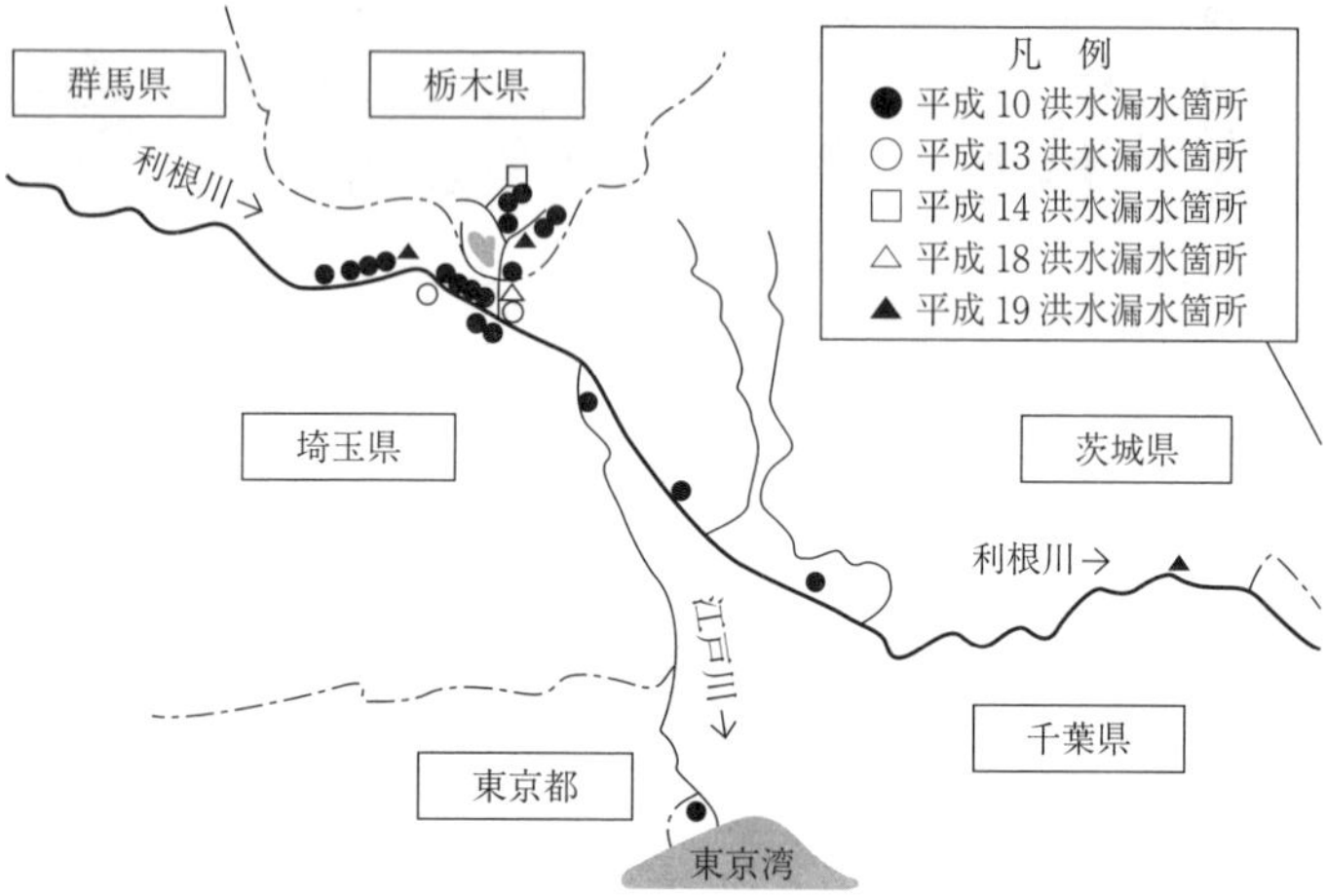

図　平成 10 年度以降の利根川の漏水箇所

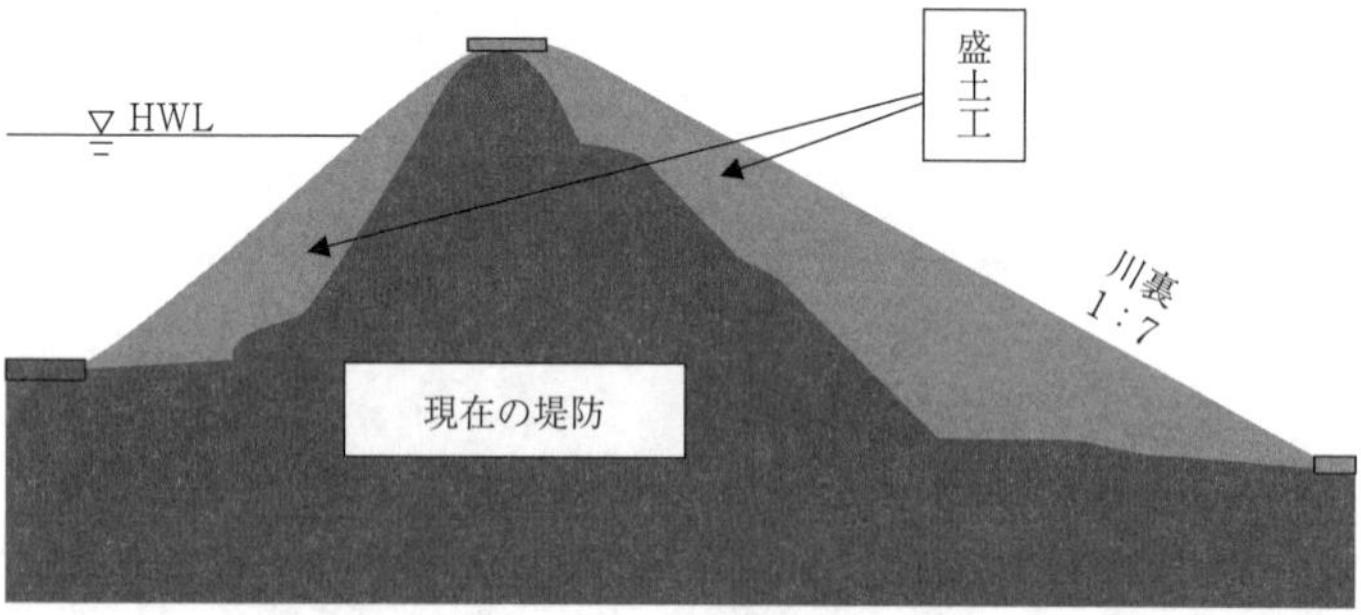

図　利根川堤防の補強

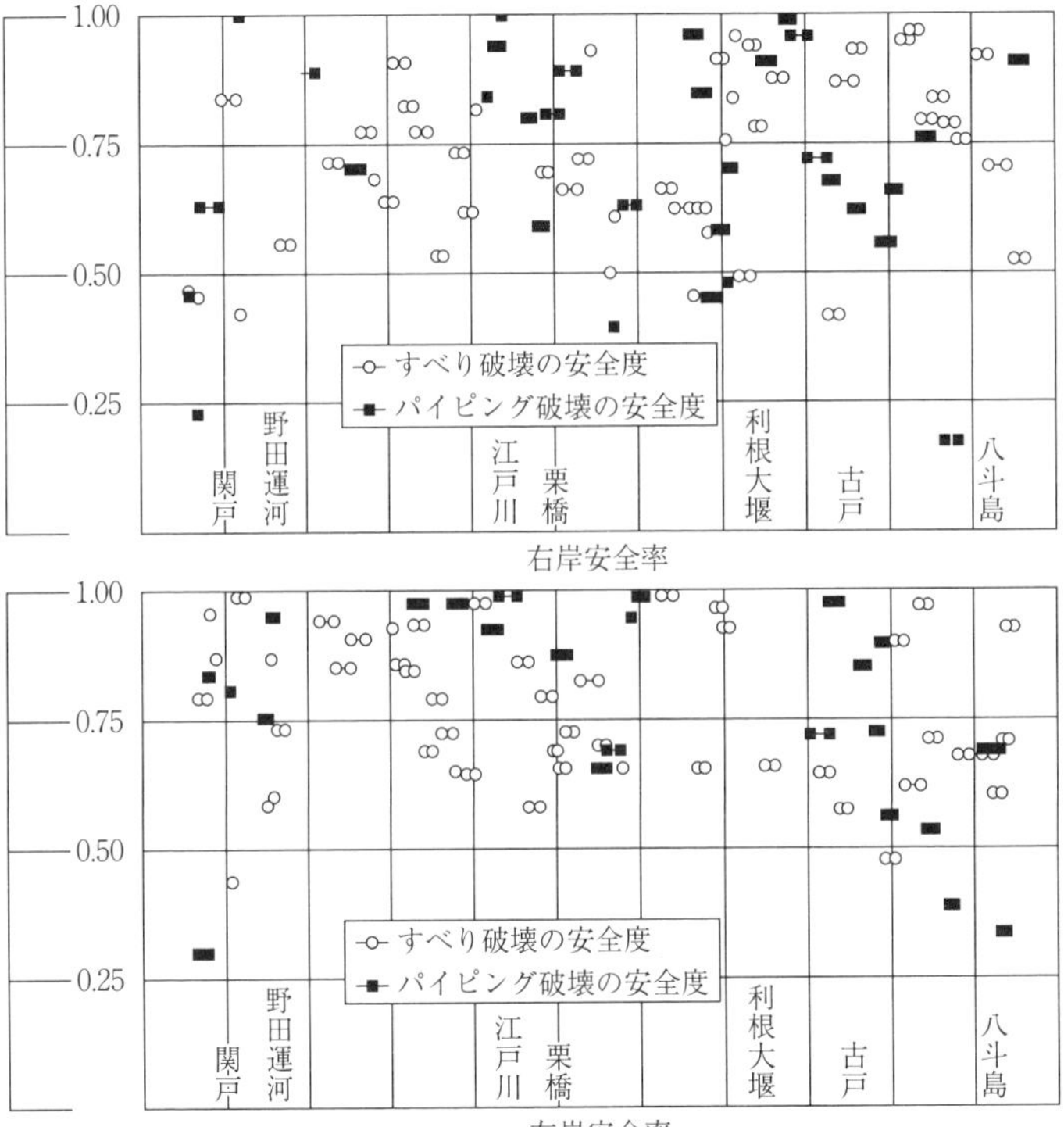

図　国土交通省による利根川の堤防いっせい点検

開始した。

堤防強化工法は、川表側に遮水工と腹付け工（堤防の斜面に盛土を付け足す工法）、川裏側も1：7という非常に緩勾配の腹付け工やドレーンを設けるという頼もしい補強である（前々ページ下の図）。この補強は総事業費2000億円、事業期間10年、総延長70km、1mあたり約280万円という平地の高速道路並みの建設費を投入する大プロジェクトである。しかし、「首都圏氾濫区域堤防強化対策事業」の名称どおり、その施工区域は右岸が対象である。左岸でも漏水対策は行われているものの、右岸の集中投資には遠く及ばない。

治水は自然との戦いである。戦いである以上、まったく犠牲なしというわけにはいかないし、重要な所は優先的に守らなければならない。人口および資産の集積度が高い右岸側を優先的に補強しようというのが「首都圏氾濫区域堤防強化対策事業」である。

「流域総合治水」は様々なハードとソフトの組合せとされているが、本質部分は不連続堤防や霞堤などによる遊水効果や流域貯留によって河道への負担を減らすことにある。

では、八ッ場ダムに代わる「流域総合治水」とはどんなイメージなのか。八ッ場ダムの治水容量は6500万㎥であるが、この容量と同じ流域貯留には、湛水深を1mと仮定すれば6500万㎥の湛水エリアが必要ということになる。6500万㎥は、館林市の全面積を上回る。また、「流域総合治水」では、各戸貯留も話題になるが、各世帯が1㎥（風呂3杯分程度）の貯留を行ったとしても、6500万世帯が協力しなければならないことになる。群馬県の世帯数が約70万世帯であることを考えれば気が遠くなるような数字である。東京都が誇る環状7号線の地下貯水池は直径12・５ｍ、延長４・５㎞、総事業費約１０００億円の大事業であるが、総容量は54万トンである。ダムサイト以外での容量確保がいかに難しいかを物語っている。

「流域総合治水」は河道改修やダムなどの基本的治水対策が困難な中小都市河川では有力な選択肢であろうが、利根川のような築堤型大河川においては基本的治水対策にはなり得ず、基本的対策の補完的役割にとどめるべきものではないか。

地震は予測不能であるが、洪水はある程度予測可能である。合理的予測に対しては河道改修やダムなどの基本的治水対策で可能な限り備えるべきである。しかし、自然現象である以上は予測を上回る場合もある。そういう事態においても、なるべく被害を少なくするというのが「流域総合治水」の役割ではないだろうか。

八ッ場ダムの治水効果については、カスリーン台風では効果がないことを国が認めたとか、その他の洪水では効果があるとか、水位換算で何センチだとか様々な議論がなされている。そもそも洪水が過去と同じ姿で出現することはあり得ないし、雨から洪水を推算する技術も未完成である。さらに、実績の流量把握でさえ何割かの誤差を含むのに、机上の試算のみが議論されすぎているきらいがある。唯一確実なことは八ッ場ダムで６５００㎥貯留できるということ、そしてこの量は八ッ場ダム流域に降る雨のうちの約１００ミリを貯める実力だということである。つまり、八ッ場ダム完成後は、吾妻方面に降った雨から１００ミリを減じたもので利根川の治水を考えればよいということである。堤防も膿んできた、漏水も始まった、早く雨が止んでくれというときの100ミリは頼りがいがある。間もなく手に入れられるこの助っ人を断ってしまうのなら、利根川下流の人々の了解が欠かせない。

利根川はもともと幾筋にも分かれて東京湾に注いでいたものを、1590（天正18年）の徳川家康の江戸入府を契機に江戸時代初期の約60年間において、人工的に千葉県・銚子へ切り回した河川である（「利根川の東遷」と呼ばれる）。ひとたび破堤すれば、旧流路に沿って南下する典型的な拡散型氾濫区域をもつ。このような拡散型の氾濫区域をもち、しかも堤防が高い大河川では「流域総合治水」を治水の中心に据えるということ自体に無理がある。一方、堤防がないか、堤防の高さが低い掘り込み型の河川ならば、流下能力以上の洪水がきても溢《あふ》れる量は限られ、被害も限定的である。このような河川では、河畔林で氾濫水の勢いをそぐといった「流域総合治水」も有効であろう。「流域総合治水」の考え方自体は否定されるべきものではないが、河川によって向き不向きがある。

基本的な治水対策としての八ッ場ダムを中止し、利根川のリスクを高いまま（八ッ場ダムなしではカスリーン台風の実績洪水毎秒1万7000㎥さえ安全に流下させられない）にしておきながら、右岸側のみを強固に補強するような治水で理解が得られるのかどうか大いに疑問である。「八ッ場ダムは完成させます、それでもリスクをゼロにはできない。したがって、重要度の高い右岸から優先的に補強します」ということでなければ理解を得るのは難しいのではないか。

仮に、ダムから「流域総合治水」へ転進するのであれば、堤防補強よりはむしろ中条堤（利根川に合流する福川の右岸にある自然堤防を活用してつくられた延長約８㎞の堤防）の復活や、右岸の氾濫に備えて二線堤や河畔林の計画も始める必要があろう。そうでなければ「流域総合治水」の名のもとに左岸のみが犠牲になってしまう。

ダムは左右岸均等に安全度の向上が図れる唯一の治水対策である。八ッ場ダムを中止して本格的な「流域総合治水」に移行するのであれば、左右岸の治水安全度のバランス、あるいは地域間のバランスという難しい問題にどう対処するのかも大きな課題になる。

八ッ場ダム中止の可否は、ダムに代わる具体的治水代替案が詳細に明らかにされるとともに、その案に対する流域全体の合意形成が可能かどうかの見通しが立った段階で決定されるべきである。

ダムにも様々な課題があり、ダムはないほうがよいという考え方が浸透している。しかしないほうがよいということと、建設を止めるということとは別の問題である。ダムによる治水に代わる新たな治水の姿を示さずに中止するならば、治水に対する信頼を根本から失うことになるのではないか。

有識者会議への期待

当時の長野県田中知事の脱ダム宣言は２００１（平成13）年である。流域総合治水を一気に前面に押し出した、２０００（平成12）年の河川審議会答申が脱ダム宣言やその後の脱ダムの流れに大きな影響力をもったと考えられる。２０００年の河川審議会答申を委員長としてまとめたのは高橋裕氏（東京大学名誉教授）である。

２０１０（平成22）年1月10日の朝日新聞は高橋裕氏に対するインタビュー記事を掲載している。そのなかで高橋裕氏はこう答えている。「……でも答申は結局ほとんど生かされなかった。官僚は「やれっこない」とあきらめ、総合治水という理念は孤立しています」また、高橋裕氏は八ッ場ダム中止問題についてこうも答えている。「僕は、治水効果があり、自治体が続行を主張していることもあって、無駄な事業だとは思いません。利根川は流域が大きいので、国は上流域を幾つかに分け、ダムを配置してきました。ここだけ止めると流域全体の治水計画の整合性が欠けてしまいます。」

流域総合治水や２０００（平成12）年答申とりまとめの中心的人物である高橋裕氏はインタビュー記事のなかで実に冷静な意見を述べているのである。２０００年答申を熟読すれば一律に連続堤防やダムなどのハード整備からの決別を主張しているわけではなく、それぞれの川の特質にあった対策を取るべきであるとされているのである。

では、なぜマニフェストに八ッ場ダム中止が盛り込まれ、国土交通大臣の唐突な中止宣言に至ったのかという経過に疑問が残る。民主党は従来からダムによらない治水である「緑のダム」を党の方針としていた。したがって、八ッ場ダム中止については具体的検討に基づいてマニフェストへの組み込まれたのではなく、一部の意見を基にマニフェストが作成された結果であろうと思われる。十分な検討がなされた結果であれば、検討経過がすでに公表されているはずであり、改めて再検証するまでもないはずである。

八ッ場ダム中止がマニフェストに盛り込まれた経過はさておいて、「予断をもたず再検証する」という方針のもとに発足した有識者会議には、流域総合治水の限界と利根川の特質を踏まえた冷静な議論を期待するとともに、現在の河川工学の知見を総動員して今後の河川管理の座標軸となるような答申を期待したい。

第7章

終章

真髄を大局的に捉える大きな知恵

日本のダム技術の歴史を語るとき、絶対に忘れてはならない先人の筆頭に、物部長穂を挙げなければならない。物部長穂は、1911（明治44）年、東京帝国大学の首席卒業の恩賜の銀時計組みであり、1925（大正14）年に土木関係で初めて帝国学士院恩賜賞を授与され、1926（大正15）年には38歳の若さで内務省土木試験所の所長と東京大学教授を兼務されている。

物部長穂の名が燦然《さんぜん》と輝いているのは、そのそうそうたる大変な経歴の故ではない。現在の土木技術の歴史に刻んだ大変な天才的先駆的三大研究業績の故である。

その三大業績の一つ目は世界に先駆けた耐震設計法である。時々刻々に挙動する地震動に対し構造物をどのように設計したらよいか、だれも知恵がなかった。物部はそれを静的な荷重に置き換えて設計する等値水平震度法を編み出したのである。世界の耐震設計法の幕開けである。

二つ目は『物部水理学』の名で有名な日本最初の水理学の大系化である。この大系化された名著は、現在も技術者の座右の書として生きている。

三つ目は1926（大正15）年に発表された多目的ダム論である。その内容は次の5項目に要約される。

① 河川改修による広大な河道が全能力を発揮する期間は極めて短いから、貯水池による洪水

調整は国土の経済的利用上有利である。

② 発電が渇水に苦しむ冬は大洪水はない。夏期の渇水用としてある程度の水量を洪水調節容量に加えておけば、多目的計画は有利に成り立つであろう。

③ 貯水池点はわが国では少ないから、多目的計画とすべきであり、治水、灌漑を主とするものは平野に近く設け、あわせて発電を行い、発電を主とするものはなるべく上流部に設け、これらを水系的に効率よく配置して、その有機的な運用は公平な立場に立つ河川管理者によって統制されるべきである。

④ 大貯水池の下流には逆調整池を、また上流部には埋没防止のための砂防工事を施工すべきである。

⑤ 私企業の貯水池も治水利水の総合計画とするために補助金を交付するなどの助成策を講ずべきである。

これらは、その後の日本の河川行政を決定づける大理論である。

以上の物部長穂の三大業績を振り返り見るに、物部長穂の知恵は大変難しい課題を常に包括的にとらえ、大局的に齟齬《そご》が生じないようシステム的に、大系的に構築する天才的才能のもち主であると評価されるのではなかろうか。

日本の多目的ダムは非常に合理的に構築されている。特に洪水期と非洪水期で貯水池の容量を使い分ける知恵は、まさに物部長穂理論の神髄であるが、現在、ダムが環境破壊だと批判を浴びている一因として非洪水期から洪水期に向けて人為的に水位を下げるときに生ずる帯状の裸地がある。一方、洪水期に向けて人為的に水位を下げないオールサチャージ方式の貯水池においては、帯状の裸地が発生するということはなく、環境破壊というイメージは生じていない。

天才物部長穂は、自分の打ち立てた多目的ダム理論の合理性の追求から帯状の裸地ができ、それが環境破壊のイメージ形成につながるとは思いもよらなかったであろう。物部博士の唯一の誤算と思われる。現在のダム技術者は、そのことを大変高い対価を払って知らされた。今とるべきことは、貯水池運用の方式を従来の制限水位方式のものは、あらゆる機会をとらえてオールサチャージ方式に変更することではなかろうか。

「環境の時代」を背景に、このような変更要請が出てきたとしても、本質的に物部長穂の多目的理論のメリットは何ら損なわれていない。

ダムサイトは神様からの贈り物

ダムサイトすなわちダムを建設する位置は、神様からの贈り物である。ダムは河川の狭窄部《きょうさく》を締め切って水を貯める空間をつくることである。まず、地形条件として一つの河川でダムが建設できそうな狭窄部は多くはない。そして、その位置の地質条件がダム建設に耐える強度などを備えているかどうかをよく調べねばならない。さらに、水没戸数が少ないなど社会条件にも恵まれているダムサイトはさらに限定される。例えば、富士川や安倍川のように中央構造線やフォッサマグナに沿う河川では、地質条件から本川沿いにダムサイトの適地はない。この地域では、ダムをつくる要請があってもできないということである。このことは世界でも同じで、ダムサイトの適地はそう多くはない。

次に、ダムの高さ（ダム高H）が高くなれば貯水容量（V）が指数関数的に大きくなる。例えば、ダム高が10％程度高くなれば貯水容量がすぐに二倍、三倍にもなる。

おおまかな話でいうと、ダム本体の建設費用はダムの堤体積に比例するので、ダム高が10％高くなれば、ダムの堤体積はダム高の３乗に比例するので、堤体積が33％増え、ダム本体の建設費も33％増えることになる。一方、貯水容量は地形との関係にもよるが２００～３００％増加する。ダムの効用は貯水容量により決まる。すなわち、ダムはダム高が大きくなればなるほど指数関数的に効用は大きくなる。

しかし、ダムサイトでは、地形・地質条件・技術レベルなどから、それ以上高くできない高さがある。したがって、世界のダム計画においては、そのダムサイトでできるだけ大きなダムを建設するのがいちばん効率的かつ経済的である。ダム建設の世界の潮流は、そのダムサイトで建設可能な大ダムを建設するということである。

河川の年間総流出量とダムの貯水容量を比較した国土交通省河川局の資料を見ると、世界のダ

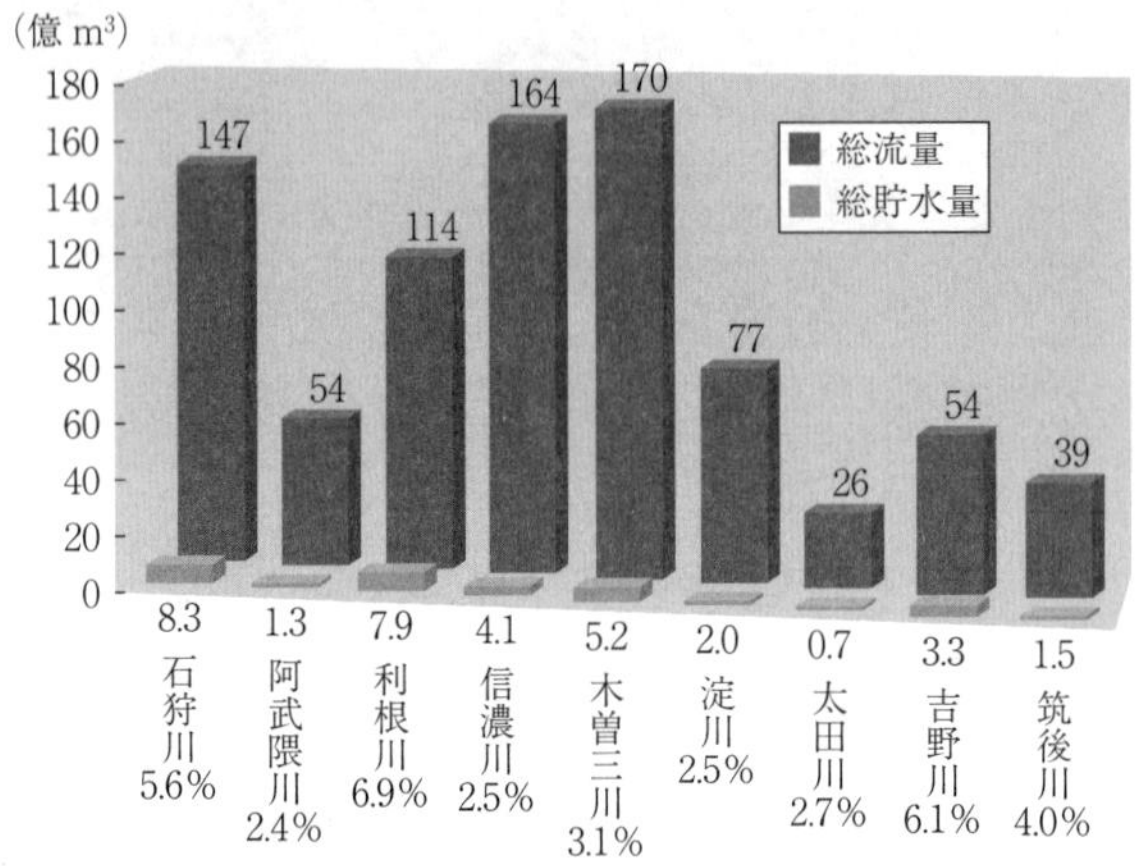

※ダム貯水量は、1996年4月現在完成している全ダム（利水ダムを含む）の有効貯水容量の合計とし、治水容量、発電容量を含む。ただし、ここでは湖沼開発施設、調節池、堰などの容量は含まれていない

図　日本の河川の総流量とダム貯水容量

ムと日本のダムとの違いに愕然《がくぜん》とさせられる（図参照）。利根川の年間総流出量が１１４億トンに対し利根川水系の全ダムの貯水容量が７・９億トンで貯水率は６・９％である。信濃川は１６４億トンの年間総流出量に対し全ダムの貯水容量は５・２億トンで貯水率は２・５％である。木曽三川の年間総流出量の１７０億トンに対し全ダムの貯水容量は５・２億トンで貯水率は３・１％である。淀川は77億トンの年間総流出量に対し全ダム貯水量は２・０億トンで貯水率２・６％である。太田川は26億トンの年間総流出量に対し全ダム貯水量は０・７億トンで貯水率は２・７％である。

　このように、日本の河川においては、年間総流出量に対してダムで水を貯める容量はせいぜい2～7％くらいである。しかし諸外国を見てみると、エジプトのナイル川は年間総流出量740億トンに対しアスワンハイダムの貯水容量は1689億トンであり2・3年分の水を貯める。アメリカのコロラド川の年間総流出量106億トンに対しグランドクーリーダムの貯水容量333億トンで3・1年分貯める。この違いは河川勾配の違いによるところも大きいが、アスワンハイダムもグランドクーリーダムも経済性や効率性の観点から、限られたダムサイトでできるだけ大きな貯水容量をもつダムをつくるというダム計画の思想が読み取れる。

世界の常識・日本の非常識

かつて、筆者はアメリカのグランドクーリーダムと中国東北部の豊満ダムを訪れる機会を得た。両ダムとも世界の大ダムのシンボル的なダムであり、ともに建設されて数十年が経過している。それらのダムはともにその訪問時、大改造工事中であった。ダムを嵩上げすることなく、堤体を改造して発電機を約2倍程度に増設しようとするものであった。すなわち、建設当時はダムサイトでできるだけ大きなダムとし、当初計画時には貯水容量にかなりの余裕があったので、その後の電力需要の増加に対し、ダム高すなわち貯水容量を増加させる必要がなく発電機を2倍に増設できるのである。

日本のダム計画ではまず需要があって、それに見合う容量でダム高が決められる。したがって、その後、何十年かして需要が増加した場合には、貯水容量を増やすためダムを嵩上げする大改造をすることが求められる。先見の明があれば相当安く建設できたはずである。これまで見てきた諸外国では、ダムサイトは貴重なものであるから、また嵩上げなどの工事は逆に事業費がかさむので、建設当初からそのサイトで建設可能なできるだけ大きなダムを計画するというのが、世界のダム計画の思想である。

このようなダム計画思想は、ダムの歴史をさかのぼれば理解される。世界最古のダムはエジプトのカイロの南32kmのヘルワンで発見された、クフ王朝時代と推定されるサド・エル・カファラダム遺跡である。このダムは、ピラミッドの建設資材用石切場の労働者の飲料水を確保するため、涸川のワジ・エル・ガラウィンを貯水するもので、堤高11m、堤頂長106m、底幅84m、天端厚62mと世界のダム歴史の幕開けを飾るにふさわしい風格を備えたダムである。このダムは、洪水吐きを設けず、洪水すべて貯水するというものであった。

社会活動は常に変化し、ダムに寄せられる期待も時とともに変わっていく。諸外国は、ダムサイトを貴重なものと考え、その位置で建設可能な最大規模のダムを建設して貯水、その後の変化に柔軟に対応していく先見性を長い歴史のなかで培《つちか》ってきた。

日本のダム技術者は、ダムの計画にあたって、治水容量は100年確率、利水容量は20年間の利水計算を行い、2番目ということで決めている。一方、西欧の国のダムでは、極端な場合は、日本のような治水容量、利水容量の概念はなく、神が与えてくれた水は大切であり、洪水の水もすべてダムに貯めてすべて使いたい、淡水は血の一滴の思想なのである。

日本でも、今まで経験したことがない異常な集中豪雨が頻発し始めている。また、環境意識の高まりから、平常時の河川流量の増加も急務であり、貴重なダムサイトを生かして最大限の容量が確保されていれば、様々な変化により少ない数のダムで対応可能となる。わが国でも近代ダムが築造されるようになって久しいが、ダムサイトについて諸外国のように長期的先見性をもった見方をすべき時期になったのではなかろうか。

専門家のいない専門家会議

1997（平成9）年の河川法の改正により、河川整備計画の策定にあたって地域住民の意見反映の観点が盛り込まれ、必要に応じて学識経験者や住民などの意見を聴くこととなった。このうち学識経験者に関しては、専門家会議と称する委員会を設置してダム計画の見直しなどを提言したりしている。しかし不思議なことに、そのメンバーに河川行政の専門家は一人も参画していない。専門家とは何か。ある学問分野や事柄を専門に研究し、それに精通している人である。また別の見方をすれば、専門家とは結果に至るプロセスがわかり、それに至る過程をたどることができる人、すなわち実際に事柄を処理してきたその道のプロである。学識経験者とは、『広辞苑』によると「学問上の識見と豊かなその事柄に関する経験のある人」とある。学識とは学問から得た識見である。

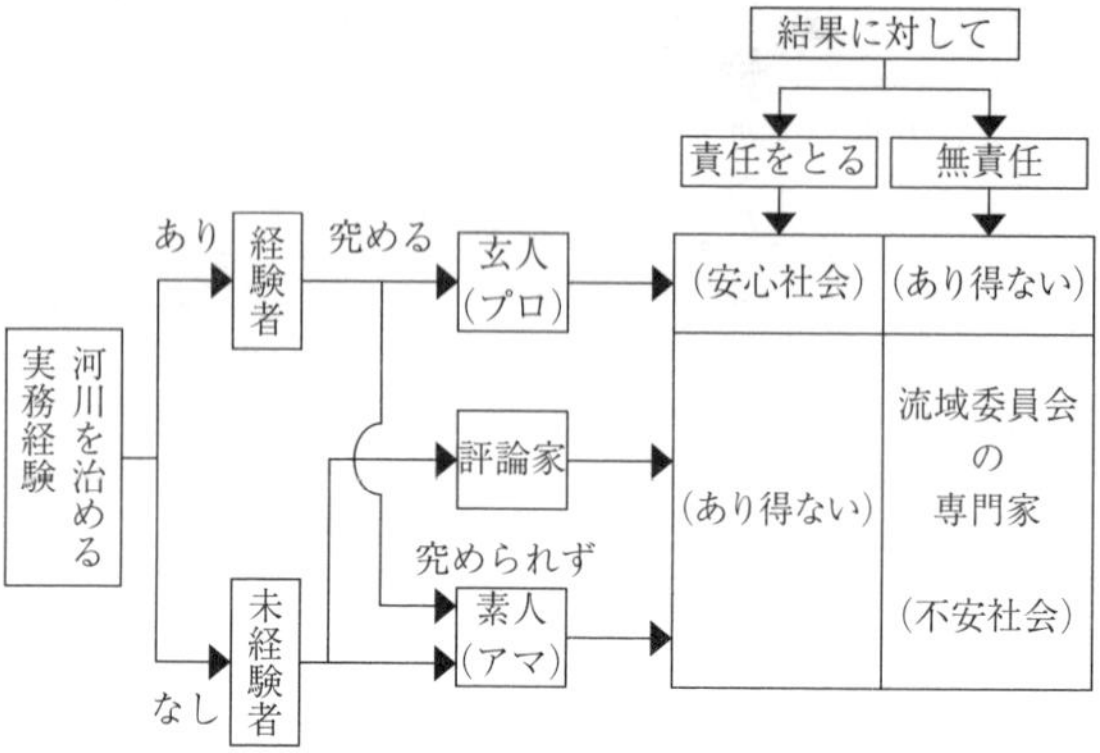

図　素人が支配する社会

専門家として大学の河川工学を専門にしている先生がいるではないかといわれるかもしれない。確かに河川工学の先生は、河川のある特定の極めて狭いテーマについての専門的研究者であって学識者であろう。しかし、河川行政の実務の経験者であろうか。多くの審議会の委員などを経験し、河川行政の実務のことも聴いており、聴いた範囲内のことは耳学問として知っているかもしれない。しかし、それはどう考えても真の経験者ではない。河川行政の実務の責任を伴う、辛い実務を処理してきた者が真の経験者である。大学の先生は仮想経験者であって真の経験者ではない。河川事業について議論できる河川の専門家である行政のその道のプロを一人も参画させないで、意見聴取を行うことに対し危うさを感ずる。

現在はアマチュアが支配する社会であるという。平等思想が蔓延《まんえん》し、人が何かになる機会は飛躍的に増大した。俳優がアメリカの大統領になったり、女優が大臣になったりする社会である。河川行政の実務は大自然の営みの理解から始まり、大変深く広い学識がベースとして要求される。それらのことについて素人が委員会で重きをなし、意見を述べる。まさに素人が玄人を支配するシステムである。

素人の意見を聞くということは確かに大切である。一般市民生活は治水のみならず道路、教育、福祉など様々な行政サービスで成り立っている。そういうなかで、今何が重要か、何が不足しているかについて住民から大局的方向を聞くことは重要である。また、河川は治水、利水、環境、余暇活動など多岐にわたって市民生活と密着している。そういった河川全般についてあるべき姿、方向について地域住民の意見を聞き計画に反映させることは重要であるとともに、具体的事業の合意形成の観点からも欠かせない。

しかし、流域委員会に実務経験者を参画させず、時のムードで意見が出されるシステムに危うさを感ずる。地域住民や学識経験者と行政の実務経験者とが真にあるべき河川の姿を議論し、将来に禍根を残さない河川整備計画が樹立されなければならない。

策定された計画の成果がよくも悪くも、それを将来受け止めなくてはならないのはとりもなおさず流域住民であり、一時の時流に流されることなく長期的視野からの計画策定が重要である。

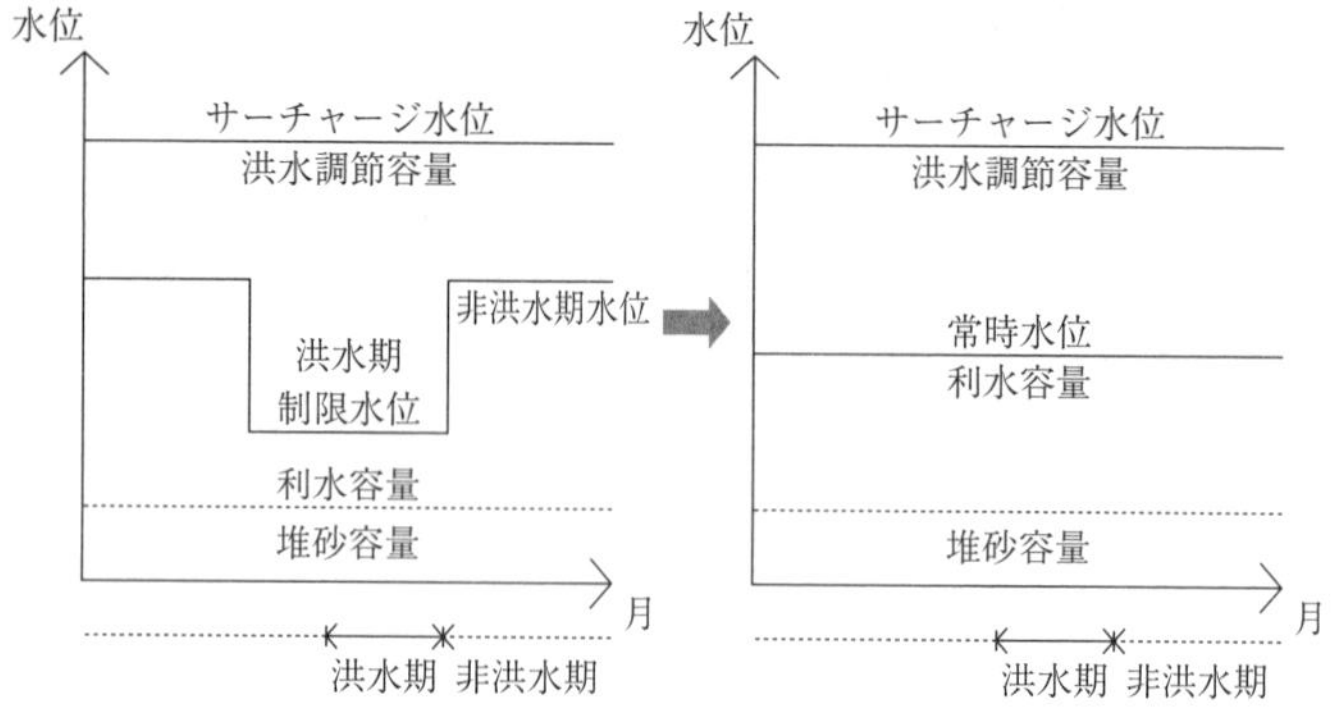

(1) 制限水位方式　　(2) 常時満水位方式

図　貯水池運用方式

緊急課題・帯状裸地をなくせ

ダムはそもそも渇水時に水を補給する目的で築造されるものである。常時満水位方式のダム湖の場合にも、渇水時には下流の渇水状況に応じ下流への補給量が徐々に増加されていくことになる。渇水補給に伴う水位低下の場合には、表土が流失されることも少なく、水位低下に追随できる植生・生態系が出現してくる。このようなことで、致命的な帯状裸地の形成は避けることができる。

制限水位方式というダム貯水池運用方式の思想は、多目的ダムの生みの親である物部長穂博士の多目的ダム論にさかのぼれる。

夏期の洪水調節用と利水容量の多目的ダムを建設すれば、冬期には洪水がないので、洪水調節容量は利水に運用できるため、目的の異なるものが参加して一つのダムをつくるメリットは大変大きくなる。この多目的ダムのメリットを最大限追求したのが、制限水位方式のダム湖である。多目的ダムのメリットを追求した制限水位方式が、帯状裸地を出現させ環境破壊に継がった。

これは、物部長穂博士の大きな誤算であったというべきであろう。常時満水位方式の貯水池運用でも、制限水位方式ほどではないが、多目的ダムとしてのメリットは十二分に大きい。

水際線の帯状の裸地を見れば大変痛々しく、ダムは環境破壊であると感じさせる。しかし、水際線に裸地が形成されず、植生などがスムーズに遷移している場合には、時間の経緯とともに水辺に豊かな生態系が形成されていく。

国土交通省河川局では、新規にダムを計画する場合は常時満水位方式に改められてきている。しかし、問題は制限水位方式で採用された既設管理中のダムと、現在建設中のダムである。それらのダムを制限水位方式から常時満水位方式に変えるということは、制限水位までに水位を下げる容量分だけ貯水池容量が不足することになる。今後、建設されるダムにあっては、同一水系の既設ダムの制限水位方式解消のための容量を確保し、ダム群を再編成する事業が必要となってくる。

ダム群再編成の事例として画期的な計画がある。四国の肱川水系における山鳥坂ダムの建設と、既設の鹿野川ダムの改良計画である。

山鳥坂ダムの建設にあたり、既設の鹿野川ダムと再編成し一体的に管理することによりダムの効果を上げようとするものである。既設の鹿野川ダムの発電容量を廃止して、その一部を活用して新たに河川環境容量を設け、鹿野川直下の流水の正常な機能の維持と増進を図るほか、従来の制限水位方式や予備放流方式なども解消されることより、貯水池周辺の帯状裸地も将来徐々に改善されていくことであろう。

鹿野川ダムが愛媛県から国土交通省に移管されることにより肱川水系の野村ダム、鹿野川ダム、山鳥坂ダムの3ダムを統合管理できることとなり、治水、利水、環境の各面における相互連携運用ができるようになるメリットも計り知れない。

クリーンエネルギーとしての水力発電

現代文明のエネルギー資源である石油・石炭・天然ガスなどの埋蔵量には、当然のこととして限りがある。世界の地下化石資源の埋蔵量と枯渇するまでの年数は、海外電気事業統計（2001（平成13）年）によれば、石炭は9845億トンで、掘り尽くすまで204年とあと数世代ある。しかし、石油は1兆477バレルであと41年、天然ガスは156兆㎥であと61年、ウランは393万トンであと61年と一世代の時間スケールで採り尽くすという。

主要国の電力消費量を見てみると、アメリカが3兆4729億kWhで、群を抜いている。2位の

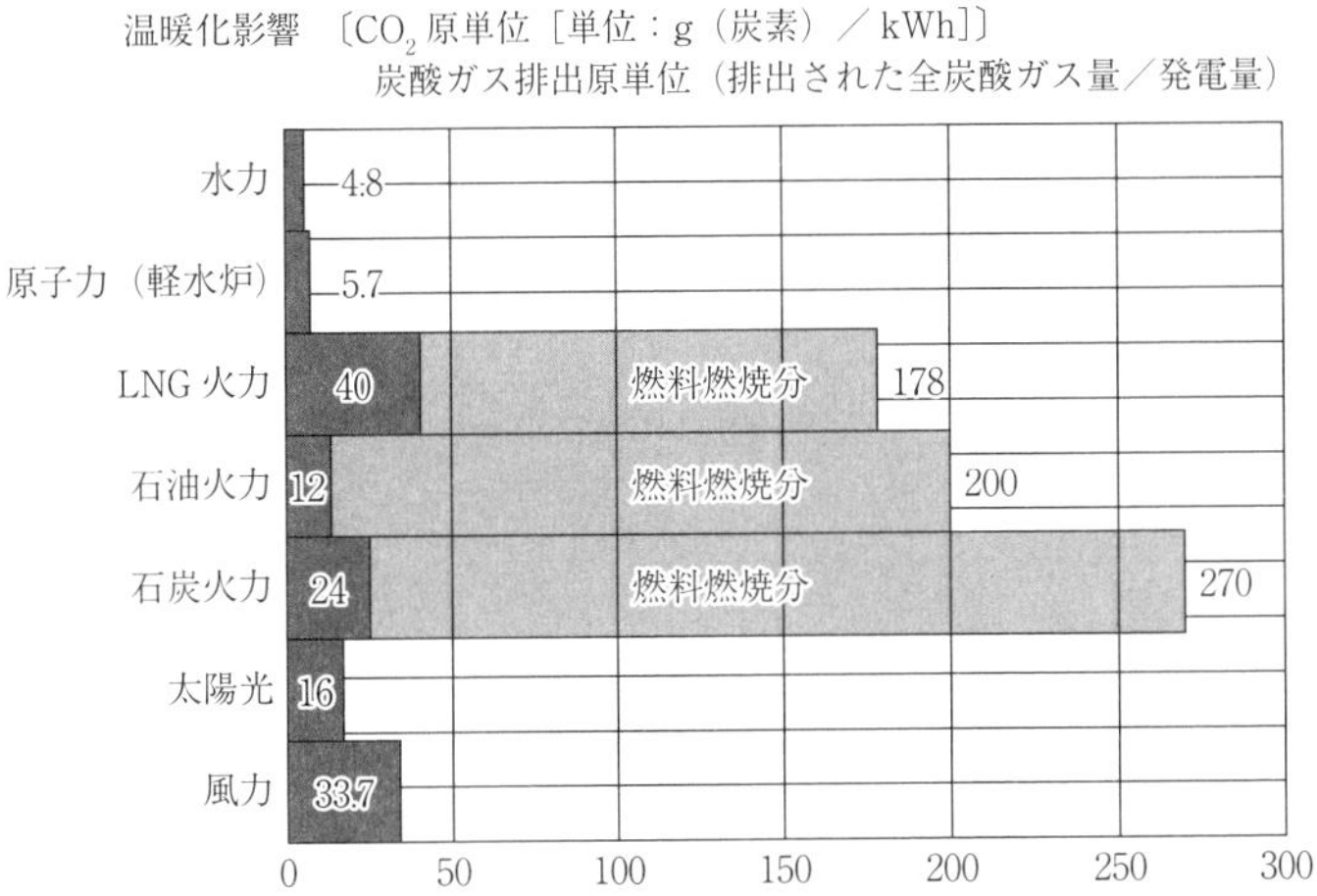

$$CO_2\text{排出原単位} = \frac{\text{寿命期間中の}CO_2\text{排出量（設備建設＋設備運転＋発電用燃料＋メタン漏れ）}}{\text{寿命期間（30年間）中の発電電力量［送電端］}}$$

図　水力発電はクリーンなエネルギー

（出典）内山洋二：発電システムのライフサイクル分析、電力中央研究所報告・研究報告：Y94009、1995

中国が1兆1347億kWhで、3位が日本で8001億kWhである。

日本は、世界有数のエネルギー消費大国である。そして、そのエネルギー資源の約80%を海外からの輸入に依存している。先進諸外国に比べて極めて脆弱なエネルギー供給構造となっている。

日本がこれからの100年を考えてもエネルギー資源を安定的に確保していけるという保証は、イラクなど中東の情勢を鑑みても、ますます難しくなっていくのではないかと思われる。

こうした情勢のなかで日本のエネルギーのセキュリティー（安全保障）の観点から、エネルギー資源の多様化と輸入先の分散化が重要な課題となってくる。水力発電は日本の国土に潜在的に存在するまさにナショナル・エネルギーである。

一方、各種発電方式により、地球温暖化にどれだけ影響するか電力中央研究所が研究している。それによると、発電量に対して排出された全炭酸ガス量を炭酸ガス排出原単位というが、炭素排出量（g―c／kWh）は、石炭火力は２７０（うち燃料燃焼分が２４６）、石油火力は２００（うち燃料燃焼分が１８８）、ＬＮＧ火力は１７８（うち燃料燃焼分が１３８）と、化石燃料を燃焼させる発電方式は高い。

一方、自然のエネルギーを取り出す風力発電は20、太陽光発電は52と低い。これは設備の建設費と設備運転費がかかるのでゼロではない。一方、設備の建設の大掛かりな原子力は５・７である。そして水力は４・８と最も低い。

年間停電時間の国際比較をすると、アメリカが84時間、フランスが48時間、イギリスが61時間、それに対し日本は20時間と断然短い。また、1件あたりの停電時間を国際比較するとアメリカが73分、フランスが57分、イギリスが63分、それに対し、日本は9分と極めて短い。この停電時間の短さに貢献しているのが、瞬時のピーク需要に対応することができる水力発電なのである。まさに、日本の産業の高度化を支えてきたものとして日本の発電の信頼性を忘れてはならない。

そのようなことを考えると、水力発電は、単なるkWh、キロワットの経済価値以上の価値があるものであり、ナショナル・クリーンエネルギーとしての意義と価値を高く再評価する必要があるのではないか。

ペンローズの三角形

ダム無用論がなぜここまで世の中に広まったのか反省しなければならない。「水需要は伸びていない、水は余っている」とか、「ダムは環境破壊だ」とか「ダムは治水効果がない」などのマスコミが発する三つの疑問に対して、きちんと論理的に反論をしてこなかったからではないか。

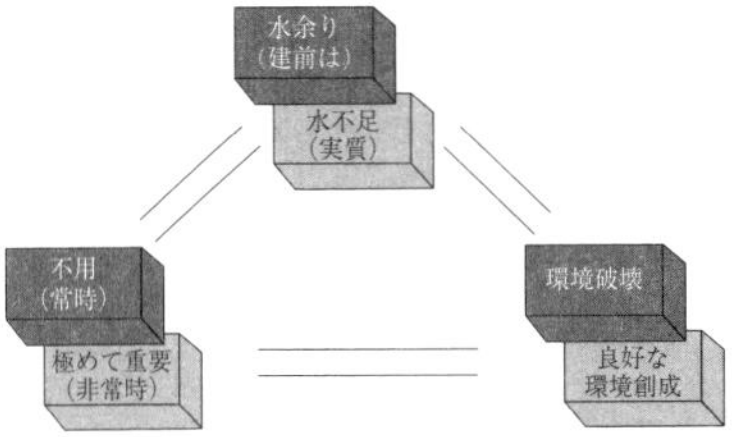

図　ダムの三つの二面性

そうではなくて、すべての物事には裏と表の二面性があることを説明して理解してもらうことの難しさによるのではないか。現在のダム無用論はダムのプラス面の効用はすべて意図的にいっさい無視し、マイナス面のみをマスコミが極端に強調することに大きな要因がある。現在のダム無用論を支えている先述の三つの疑問に関しては、専門家ならすぐにわかる表裏二面性が、一般の人にはなかなか直感的に理解しにくいということであろう。

一つ目は、建前の水利権量は余っているが実質は大変な水不

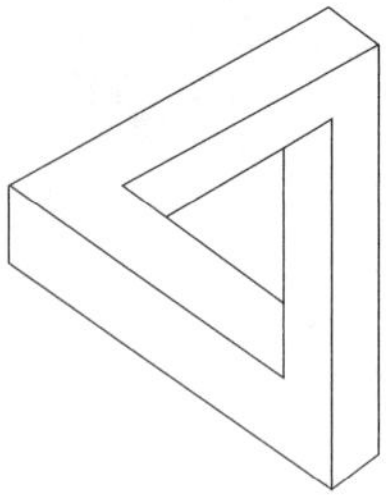

部分は正しそうに見えるが、全体としては狂っている図形

図　ペンローズの三角形

足であるという単純な表裏二面性を直感的に理解していただけない。建前の水利権量は水需要量より上回っているので数字の上では水余りとなり、ダムによる新規水資源開発を行う必要はないという。しかし、実際には利水の安全度は極めて低く、毎年のように何十パーセントの取水制限や節水を余儀なくされて、何とかそれをしのいでいる。実質は相当な水不足であり、利水安全度を高めるためダムによる水資源開発を進めなくてはならない。この、建前水余りで実質水不足という表裏二面性が理解していただけない。

二つ目はダムは環境破壊ということについてである。ダムは短期的な視野からは環境破壊の側面はある。本体工事中は山肌を掘削し、完成後は、貯水池の水際線に帯状の裸地が形成されている。これらを見ると、確かにこれまでは配慮不足で環境破壊といわれても仕方がないダムも多々あった。しかし、長期的な視野から見れば環境保全に大きな効果を発揮し、素晴らしい環境を創生しているダムも多くある。ダムは環境破壊の側面と素晴らしい環境創生の表裏二面性がある。しかし、ダムの環境破壊の面しか見ない。例えば、水際線の帯状の裸地に対しては、貯水池運用計画を制限水位方式から常時満水位方式に変えることによって解消することができる。環境に対して十分な配慮をすることにより、もとの環境ではないが、工夫と配慮で生物にとって豊かで素晴らしい環境が創生される。

三つ目はダムの洪水調節の効果についてである。ダムによる洪水調節は通常時は不要であるが、非常時の備えのために必要なのである。マスコミは水害被害の惨状は報道するが、ダムの操作によって水害を未然に防いだ多くの事例はほとんど報道しない。したがって、一般の多くの人々には、ダムによる洪水調節の効果はまったくといっていいほど実感されない。

このため、この三つの事柄を組み合わせると確信的な「ダム無用論」が生まれる。一つひとつの事柄は、そのように捉えられても仕方がない一面（部分）をもっている。その部分部分を組み合わせると、とんでもない誤った論理に帰結する。これを筆者は、「ペンローズの三角形」ではないかといっている。

おわりに――ダムは本当に無駄なのか――

2010（平成22）年1月16日の毎日新聞は「河川はんらん許容」という見出しで、前日に開催された「今後の治水対策のあり方に関する有識者会議」の概要を報じている。ご丁寧にも小見出しは「有識者会議一致　治水政策転換も」である。

この記事を読めば多くの読者は「やっぱり八ッ場ダムは中止か」と思うだろう。「緑のダム」や、「コンクリートから人へ」といったよくできたキャッチコピーを何度も聞かされているうちに、人々はそれが真実かも知れないと思うようになる。オピニオンリーダーたる新聞が応援すれば疑いのないものになっていく。その結果、電力開発で日本経済の発展を支え、治水利水面で人々の生活に貢献してきたダムが、あっという間に悪役になってしまう。

わが国は降雨に恵まれている。しかし、島国の特性から多くの河川は極めて急流で、降雨は洪水となってあっという間に流出し、洪水が去れば利用できる水はたちどころに少なくなってしまう。このようなわが国の宿命のを多くのダムが解決してきたのは間違いのない事実である。原子力が主軸になった感がある発電分野でも、究極のクリーンエネルギーである水力発電は10％を超えるシェアで貢献している。都市用水の40％以上はダムに水源を依存している。戦後頻発した大洪水被害も着実に減少している。

確かに、ダム事業は環境への負荷や事業費の大きさなどの課題もあるが、社会的影響が極めて大きい事業であり、メリットとデメリットを厳正適格に評価したうえで方針を決定すべき事業である。八ッ場ダムについては公金差止請求住民訴訟が関係都県を相手に起こされ、どの地裁でも「水需要予測にや治水効果に妥当性あり」との判決が出そろったところである。このような裁判結果などお構いなしに、選挙目当てのマニフェストを根拠にして、1都5県知事が支持する八ッ場ダムを中止するのであれば、地域主権どころか中央集権強化である。裁判結果も完全無視ということになれば、独裁政権との批判も出てこよう。しかし、最も懸念されるのは、「緑のダム」や「コンクリートから人へ」といったよくできたキャッチコピーでダムは悪者というレッテルが貼られ、十分な議論なしに重要な物事が決まってしまう風潮である。八ッ場ダムは「ダムは悪者」という呪縛《じゅばく》に絡め取られようとしている。

八ッ場ダムが中止ということになれば、全国で建設中、または計画段階にある直轄ダムや導水路、補助ダムなどの計143事業についてもそのほとんどが中止にせざるを得ないだろう。なぜなら、八ッ場ダムは首都圏の治水利水を担うという目的の重要性に加え、7割もの進捗状況にあり、このような八ッ場ダムを中止し、他のダムを継続するという合理的説明は極めて難しいからである。八ッ場ダムの中止の可否が他の多くのダムや、ひいては今後の公共事業全体にも重大な影響を与えることは必至であり、八ッ場ダム中止問題に大きな関心が集っている。

有識者会議

前原国土交通大臣は就任早々八ッ場ダムを中止することを宣言し、関係都県や地元の猛反発を受けた。その後、予断をもたずに再検証することを1都5県知事に約束し、その結果設けられたのが有識者会議である。会議は河川に関する専門家9名で構成され、会議の名称のとおり「今後の治水対策のあり方」を検討し、今夏には中間とりまとめ（案）が発表された。この専門家会議が外部からの最初の意見聴取を行ったが、その結果を報じたのが2010（平成22）年1月16日の毎日新聞報道である。

まだ、ヒヤリングが始まったばかりなのに、ほぼ結論を得たかのような報道はいささか勇み足の感もあるが、なにせ大臣が「中止」を明言した後の再検証作業であり、今後もこのような報道が続くであろう。しかし、八ッ場ダムが首都圏の治水利水にかかわる重大案件であるにもかかわらず、ダムに頼らないことを前提にしたような審議に終始するようなら、大臣の中止宣言を追認するだけの茶番との批判を免れられない。

最初の意見陳述者は、長年八ッ場ダム不要の市民運動を担ってきた嶋津暉之氏（「水源開発問題全国連絡会」（水源連）共同代表）である。嶋津氏が会議に提供した資料や「今後の討議に向けた主な論点」などが国土交通省ＨＰに掲載されているが、それらは極めて「無責任」かつ「非現実的」で脱ダムや八ッ場ダム中止を前提にしていると言わざるをえない。

無責任な方向性

嶋津氏の主張の根幹は新聞見出しのとおり「氾濫を許容する政策への転換」である。ダムに代わるものとして流域全体で洪水に対処するという総合治水の考え方を改めて主張し、計画的に氾濫させるための手段として洪水が越流しても破堤しない「耐越水型堤防」などを提案している。

一方、中川博次委員長（京都大学名誉教授）が各委員からの聞き取りなどに基づいてまとめたとされている「今後の討議に向けた主な論点」でも、「耐越水型の堤防や越水実施箇所の選定」などに取り組むべきであると提案されている。つまり、ダムによる流量低減や河道拡幅による流下能力増大には限度があるから、どこか犠牲になる場所を決めて、その場所から越流させよ、そのために越流しても大丈夫な堤防工法の開発を検討せよ、と提案しているのである。

国が財政の許す範囲で優先度に従って治水に務め、その結果、氾濫が起きたのならば国民も納得しよう。そうではなくて、「あなたの住んでいる付近は遊水池に最適です。堤防から越流させます」と言って、いったい誰が協力するのか。

日本の国土は狭い。機械排水に頼らざるを得ないような土地も有効活用しなければならない。湛水被害軽減のために多くの排水機場が設置されてきた。それなのに、堤防を越水させて洪水を引き込むというならば、その前段としてまずは排水ポンプを止めなければならない。そうでなければ、計画的に越流させ、一方では機械排水を行うというチグハグなことになってしまうからである。排水機場を止めることだけでも不可能に近いのに計画的に特定の場所で越流させるようなことが現実にできるはずがない、無責任すぎる発想である。

水害は当事者と傍観者ではその実感がまるで違う。傍観者は床下浸水くらいは何でもないことだと思うだろう。伊藤左千夫は「水害雑録」の中で、徐々に高くなる水位に怯《おび》えながら畳を上げ、牛小屋に急遽5寸（15㎝）の床をつくって難を逃れようとする様子を通して、水害の恐ろしさを活写している。水害常襲地帯には「水場の一寸高」という言葉が残っている。水塚に生活物資を備蓄し、揚げ舟を軒先に吊しておいたような地方では、たった一寸（3㎝）の差が生死を分けるのである。小河川の氾濫時に、スナックの浸水現場に遭遇したことがある。床上浸水と床下浸水の境界程度の状況であったが、動転したスナック経営者は通報で駆けつけたパトカーを揺すって何とかしろを叫んでいた。

計画的氾濫ができると主張する人たちに聞きたい。あなた方は水害の現場体験があるのか、水害の実相を見たことがあるのかと。机の上で浸水戸数と被害額を計算しているだけでは水害の怖さ、臭さ、汚さは到底理解できない。

長野県でも「脱ダム宣言」というキャッチコピーが先行し、その後浅川ダムに代わる代替案が模索された。最終的に県が示した案は、「河道内遊水池」と称しているもののダムそのものである。コンクリート製の堰堤《えんてい》は高さ、形とも立派なダムである。脱ダム宣言から始まった治水代替案はダムに戻り、未だに迷走している。

八ッ場ダム中止宣言も、その代替案が無責任極まる「計画的氾濫」という方向性では流域住民の合意形成は困難を極め、浅川ダムと同じ轍を踏むことになる。

もう一つの無責任さは左右岸のアンバランスの問題である。利根川右岸の破堤や越水による悪水は大きな被害を引き起こしながら東京湾に向かう。利根川は元来東京湾に注いでいたからである。そうであれば、当然越水型堤防で計画的に氾濫させるエリアは左岸に限られることになる。左岸の群馬県や栃木県には確かに農地主体の地域もある。しかし、この地域も航空写真で見るまでもなく多くの住宅地や工場などが混在している。そしてこのような地域も長年の水害に苦しんだ結果、多くの排水機場によってようやく農業経営や平穏な生活が成り立っている。また、この地域は首都圏の野菜、穀物生産を担う地域でもあり、水没させたときは補償すればすむという単純な話ではない。計画的氾濫は利根川の特性から左岸のみが犠牲になる。同じ日本国民に対してこれほどのアンバランスな施策が果たして実行できるのか、はなはだ疑問である。弱者に光を当て、命を大切にすると唱えている現政権が、下町を犠牲にして山の手を温存するような施策の実行が可能とはとても思えない。

非現実的な方向性

有識者会議資料の「今後の討議に向けた主な論点」では輪中堤（水害に備えて集落の周囲を輪のように囲んでつくった堤防。江戸時代につくられたものが多い）や二線堤で重要なところだけを守る施策を推進してはどうかとも提案している。昔は、大河川の氾濫は抑えようもなく氾濫は日常的に生じていた。この頃は「集落のみを囲って守ろう」という発想の輪中堤や二線堤も意味があったろうが、今は江戸時代ではなく2010（平成22）年である。利根川を計画的に溢《あふ》れさせ、住宅地だけ輪中堤で囲おうという発想が理解できない。輪中の中に水を進入させないためには、排水路も道路側溝も下水道もすべて外界と絶縁しなければならないし、道路はすべて水門で閉めなければならない。輪中堤だから今日は出勤できませんというような馬鹿な話になる。

そもそも利根川流域では宅地が存在しない平坦地などどこにもなく、輪中の外に取り残される人が了解するはずもない。輪中堤は現代には通用しない非現実的な方法論である。確かに信玄堤（戦国時代、御勅使川は暴れ川でたびたび水害を起こしていた。そこで武田信玄が当時としては画期的な工法を駆使して構築した堤防。この治水法は今日でも高く評価されている）は不連続堤防であるし、輪中堤も昔は実存した。しかし、地下鉄に浸水しただけで大事件になる現代において、江戸時代の輪中堤を本気で議論しようというのは常軌を逸している。しかも完成間近の八ッ場ダムを捨てて、これからどこに輪中堤、二線堤をつくろうというのか。

「今後の治水対策のあり方に関する有識者会議」ではあるが、もとを正せば八ッ場ダムの治水代替案を提案するという前原大臣の方針を具体化するために発足した会議である。絵空事の一般論でなく、八ッ場ダムとの対比で国民が納得できるものでなければならない。

計画的氾濫と輪中堤構想が論理的に非現実的であるのと同様、「耐越水型の堤防」は物理的にも極めて現実性が低い。堤防は越水すれば水の力でたやすく破壊される、これが河川技術の常識である。アースダムやロックフィルダムではいかなる状況でも天端を越えないようにして安定を保っている。本当に「耐越流型」に改造するならばまず堤防全体をコンクリートかアスファルトで覆わなければならない。さらに、越流した流水で法先が掘られないように減勢工や護床工も必要になるし、漏水を止めるための遮水壁も築造しなければならない。あたかも長区間にわたって連続してダムをつくるような作業である。なおかつ、いやしの空間である緑の堤防がグロテスクなコンクリートの固まりになってしまう。越流堤防は渡良瀬遊水池に実物があるが、とんでもない威圧感に加え膨大な経費を要することからとても現実的な案とは考えられない。

無駄使いの極み

八ッ場ダムは、全体事業費4600億円のうち残事業費は1390億円、このほかにも利根川荒川水源地域基金の残事業費である621億円が必要で、合計残事業は2011億円が見込まれる。一方、ダム建設を中止した場合には1都4県が負担してきた建設負担金1460億円の返還（国庫補助金を控除すれば返還金は890億円という意見もある）と生活再建のための事業費（現計画では770億円）が必要とされている（国土交通委員会調査室）。

この両者を比較して、どちらが経済的かといった議論がある。しかし、この議論には決定的な要素が抜け落ちている。それは八ッ場ダムの事業効果である。事業を継続して完成した場合には利根川上流ダム群の中でも最大の治水容量と下流都県の水源を得ることができるが、中止した場合には何も得るものがないという点がまったく評価されていない。つまり、八ッ場ダム治水効果もゼロ、水源確保効果もゼロを前提にした議論であるということができる。八ッ場ダム効果がまったくのゼロであれば、「今中止したほうが安い」という議論も成り立つが、誰が考えてもゼロということはあり得ない。

八ッ場ダムへの公金差止請求住民訴訟において、国土交通省は八ッ場ダムの必要性を治水利水両面で主張し、その効果は投資額の3倍程度と主張しているのである。その八ッ場ダム効果をいっさい評価せずに、残事業費の多寡だけで中止するならば究極の無駄使いといわざるを得ない。完成間近の個人住宅を、完成までに要する残費用よりも中止した場合の撤去費用のほうが安いからと中止する人はいない。なぜなら中止してしまえば家を失うからである。事業効果をいっさい加味せずに中止することこそ無駄使いの極みである。

有識者会議の限界と期待

耐越水型堤防で一定の地域に遊水池効果をもたせるという無責任な発想自体も問題であるが、さらに問題なのは嶋津氏が２０１０（平成22）年1月5日に意見陳述した「耐越水型堤防」と中川委員長がまとめたとされる資料の中の「耐越水型堤防」の発想がピタリと符号する事実をどう考えたらいいのかということである。

多くの外部有識者から意見聴取を行い、その意見のうちから採用できるものは採用して会議の方向をまとめていくというのが当然の流れであるのに、ダム中止運動の第一人者である嶋津氏の意見を聞くというその日に、すでに「今後の討議に向けた主な論点」として「耐越水型堤防」や「流域総合治水」を検討する方針がまとめられているのは、いかにも手回しがよすぎる感がある。

前原大臣がダムによらない治水を進めると言っている以上、やむを得ない流れかもしれないが「予断をもたずに再検証」するという約束が空しく響く。

有識者会議が国土交通大臣の中止宣言のお墨付き会議になってしまうとすれば、今後の治水にとって不幸なことである。八ッ場ダム中止宣言がこれだけ関心を集めているにもかかわらず、中止結論に至った経緯の説明が未だになされていないというのがその何よりの証でもある。また、第2回有識者会議の後、国土交通省は「できるだけダムに頼らない治水」への意見募集を開始した。このことも、八ッ場ダム中止宣言以前には具体的治水、利水代替案をもち合わせていなかったことを社会に公言したようなものでもある。

そもそも再検証と言うならば、中止の結論に至った過程をまず公表すべきで、それに対して異議が出てきたので再検証しますというならまだ理解できる。初めての検証を再検証と言うのは詭《き》弁《べん》でさえある。

多様な参加と多様な意見を反映した施策決定が求められる時代にあって、第一の誤りは一部の意見に従って早々と中止宣言したところにある。有識者会議をお墨付き会議にしてしまうなら第二の誤りを犯すことになる。

利根川は坂東太郎《ばんどうたろう》の名のとおり日本の最重要河川である。その利根川の治水を「計画的氾濫などの総合的治水でしのぐ」ということなら、日本にはダムは必要ない。八ッ場ダムは再検証すべき建設中または計画段階にある143ダムのなかの最も重要なダムの一つである。完成間近な八ッ場ダムを捨てて、他のダムを継続する理由はまったく見あたらない。

有識者会議には、正に「予断をもたずに」、また「八ッ場ダムに代わる代替案があるのかどうか」「その代替案にいったいどのくらいの費用と期間を要するのか」という視点を外さずに冷静な議論がなされることを期待したい。また、今夏に発表された中間とりまとめ（案）を判断基準として個々のダムの継続可否が判断されていくというスケジュールが示されているが、一般論ではなく個々のダムの判断に資するような具体的、客観的方針を期待したい。

また、個々のダムの判断には利水面の再検証も不可欠であり、この点についても早々に何らかの指針が示される必要がある。

いずれにしろ、突然の中止宣言に翻弄《ほんろう》された関係者や、予算編成さえままならない自治体にとって最終結論を先送りすることは許されることではなく、迅速な方針決定が望まれる。

【初出文献】

『日刊建設工業新聞』連載

・ダム無用論を憂う（全24回）

2003年（平成15年）2／19〜3／31

・続・ダム無用論を憂う（全36回）

2005年（平成17年）2／21〜5／6

・八ッ場ダム中止と治水代替案（全5回）

2009年（平成21年）12／14〜12／21

・八ッ場ダム中止と利水代替案（全4回）

2010年（平成22年）1／5〜1／12

・八ッ場ダム中止と流域総合治水の限界（全4回）

2010年（平成22年）2／1〜2／4

以上の文献を元に加筆修正した。

◇著者略歴◇

竹林　征三（たけばやし　せいぞう）
富士常葉大学名誉教授
工学博士、技術士（建設環境、河川・砂防及び海岸）

重田　佳伸（しげた　よしのぶ）
プロファ設計株式会社技術参与
技術士（総合監理部門、建設部門）
共同執筆：第6章、おわりに

ダムは本当に不要なのか
—国家百年の計からみた真実—　　Printed in Japan

2010年10月10日　初版第1刷発行
2011年 1月10日　初版第3刷発行

著　者　竹林征三 ©2010
発行者　藤原　洋
発行所　株式会社ナノオプトニクス・エナジー出版局
〒162-0843 東京都新宿区市谷田町 2-7-15 ㈱近代科学社内
電話 03 (5227) 1058　FAX 03 (5227) 1059
発売所　株式会社近代科学社
〒162-0843 東京都新宿区市谷田町 2-7-15
電話 03 (3260) 6161　振替 00160-5-7625
http://www.kindaikagaku.co.jp
印　刷　株式会社教文堂

●造本には十分注意しておりますが、印刷、製本など製造上の不備がございましたら近代科学社までご連絡ください。

ISBN 978-4-7649-5516-5
定価はカバーに表示してあります。